中国电子教育学会高教分会推荐

普通高等教育数字媒体专业"十三五"课改规划教材

DirectX 三维游戏编程

宋 伟 著

西安电子科技大学出版社

内 容 简 介

本书严谨翔实地阐述了 DirectX 的工作机制，详尽地探讨了三维游戏的开发过程，并用图示的方法介绍了如何使用 D3D SDK。同时通过典型案例分析大部分三维编程的思路与问题，将 D3D 与 3dsMax 联系起来，让独立的美工与程序在游戏应用上得到完美的结合。

本书可作为高等院校数字媒体技术专业课教材，也可作为应用型本科院校计算机、信息管理与信息系统、电子商务等相关专业的实验教学用书，还可作为高职院校及企业工程人员的参考用书和对计算机图形学感兴趣的读者的参考资料。

图书在版编目(CIP)数据

DirectX 三维游戏编程/宋伟著. —西安：西安电子科技大学出版社，2016.8
普通高等教育数字媒体专业"十三五"课改规划教材
ISBN 978-7-5606-4185-0

Ⅰ. ① D… Ⅱ. ① 宋… Ⅲ. ① DirectX 软件—程序设计—高等学校—教材 ② 游戏程序—程序设计—高等学校—教材 Ⅳ. ① TP317

中国版本图书馆 CIP 数据核字(2016)第 187129 号

策　　划　刘小莉
责任编辑　阎　彬　张　欣
出版发行　西安电子科技大学出版社(西安市太白南路 2 号)
电　　话　(029)88242885　88201467　　　邮　　编　710071
网　　址　www.xduph.com　　　　　　　电子邮箱　xdupfxb001@163.com
经　　销　新华书店
印刷单位　陕西华沐印刷科技有限责任公司
版　　次　2016 年 8 月第 1 版　　2016 年 8 月第 1 次印刷
开　　本　787 毫米×1092 毫米　1/16　　印　张　13.5
印　　数　1～2000 册
字　　数　313 千字
定　　价　29.00 元
ISBN 978-7-5606-4185-0/TP
XDUP 4477001-1
如有印装问题可调换

鸣　谢

本研究得到如下基金的资助：

北方工业大学青年拔尖人才培育计划项目

北京市留学人员科技活动择优资助项目

国家自然科学基金青年科学基金项目（61503005）

教育部留学回国人员科研启动基金

北京市教育委员会科技计划面上项目（KM201510009006）

北方工业大学 2015 年教育教学改革课题成果

前　言

本书为北方工业大学 2015 年教育教学改革课题成果，书中涉及的三维游戏设计内容，可以作为数字媒体技术专业游戏开发方向的必修课教材内容。本书在教授图形学理论的同时，强化三维编程环节，并为爱好网络游戏开发的 IT 工作者提供网络层面的技术指导。本书是将图形图像学与三维美工制作课程衔接起来的桥梁，让三维编程更实用，使读者在学习三维图形 API 并了解计算机图形学知识的基础上，还间接学习了以面向对象为思想编写程序的方法和相对复杂的程序的编写方法。

本书第 1 章为面向对象的游戏编程原理，介绍了游戏开发中常用的面向对象设计思想和简单的游戏过程原理；第 2 章为 Windows 编程基础，介绍了Win32 的消息机制和窗口应用程序；第 3 章为 DirectX 简介，介绍了如何配置Direct3D 开发环境和三维场景绘制的实现过程，并通过案例讲述基于面向对象思想的 Direct3D 开发过程模块封装方法；第 4 章为基本空间变换，介绍了计算机图形学的空间变换原理和算法；第 5 章为 Direct3D 的绘制方法，介绍了利用三维顶点、颜色、纹理等元素创建三维模型并绘制的方法；第 6 章为Alpha 融合，介绍了利用 Alpha 通道的透明渲染方法；第 7 章为光照与材质，介绍了 Direct3D 的光照原理和物体材质创建和使用的方法；第 8 章为三维网格模型，介绍了从 3dsMax 的模型导出 XFile 文件的方法，以及如何通过程序将其载入 Direct3D 环境并进行渲染，还讲解了通过三维模型的边界检测原理实现物体碰撞的过程；第 9 章为动画网格模型，介绍了蒙皮动画的原理，并讲解如何将骨骼动画数据从 3dsMax 导出为 XFile 文件，并实现其在 Direct3D环境中的加载和渲染。

本书由北方工业大学计算机学院宋伟编写而成，北方工业大学计算机学院的本科生和研究生，包括于少波、武冬、郝书嘉、文明云、张伟强、黎佳雪、黄凯斯、郭海涛、廖金巧、田逸非等同学也参与了本书的编写工作。

限于编者水平，书中难免存在不足之处，殷切希望广大读者批评指正。联系邮箱：*swneu@126.com*。

宋　伟

北方工业大学计算机学院

2016 年 5 月

目　　录

第 1 章　面向对象的游戏编程原理

网络游戏开发分为以下几大过程：服务器编程、客户端编程、人工智能、数据库管理、游戏策划、美工设计、音乐特效等。大型游戏往往需要团队合作开发，因此面向对象的编程思想在网络游戏中得到了广泛应用。本章将阐述如何将面向对象的编程原理应用在电脑游戏开发中。

1.1　面向对象的游戏设计思想

本节主要介绍了简单的游戏开发基本流程和游戏中常用的人工智能方法，并通过程序简要地模拟了游戏过程。

1.1.1　游戏开发基本流程

游戏开发基本流程如图 1.1 所示。游戏初始化过程主要加载游戏内容的缓存，如游戏人物、背景模型、音乐等素材，并初始化相关参数。游戏实现过程主要是通过用户操作、游戏逻辑过程、游戏内容渲染三个过程交替循环实现的。在游戏执行过程中，当符合游戏结束条件时，将执行游戏结束程序，其主要工作为释放在游戏初始化时加载的缓存。若在程序结束时不释放动态分配的缓存所用的内存空间，系统通常会弹出内存泄露警告对话框。

游戏过程通常可以用有限状态机(Finite State Machine，FSM)来描述，如图 1.2 所示。当某一动作执行或事件发生后，根据 FSM 所定义的逻辑关系实现游戏中状态的转化。例如，当游戏中的人物被攻击后，将由健康状态跳转到掉血状态。

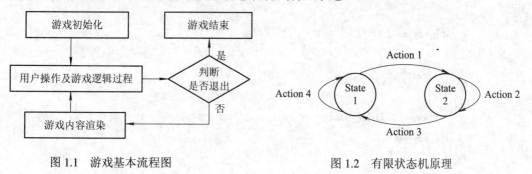

图 1.1　游戏基本流程图　　　　　图 1.2　有限状态机原理

1.1.2　简单的游戏过程模拟程序

本小节中的模拟程序利用 C 语言实现了简单的游戏控制的模拟过程，游戏中人物具有位置、状态、动作等属性，当按下 A、D 键时，人物分别向左和右移动，按下 E 键时，程序退出。

本程序利用枚举宏定义方法来定义游戏必要的状态(CHARACTER_ STATE)、动作(CHARACTER_ACTION)、事件(CHARACTER_EVENT)常量。这些常量在程序过程中常用于条件比较、转换赋值、触发事件等情况，具体代码如下：

```
enum   CHARACTER_STATE{STATE_LIVE = 0, STATE_DEAD};
enum   CHARACTER_ACTION{ACTION_IDLE = 0, ACTION_MOVE};
enum   CHARACTER_EVENT{EVENT_EMPTY = 0,
                 EVENT_ATTACKED, EVENT_RESTART};
```

在主程序开头为位置、状态、动作、事件等信息赋初值，实现初始化过程。然后，程序进入游戏的循环过程，直到按下 E 键退出游戏。当按下 A、D 键时，人物执行行走动作。游戏根据 _action 的值显示对应的人物动作，再根据 _state 和 _event 的值，完成有限状态机所定义的游戏逻辑。相关代码如下：

```
#include <conio.h>
#include<stdio.h>

void main()
{
    int _pos = 0;
    int _state = STATE_LIVE;
    int _action = ACTION_IDLE;
    int _event = EVENT_EMPTY;

    int _key;
    while (1)
    {
        _key = _getch();

        if (_key == 'E')
        {
            break;
        }
        _action = ACTION_IDLE;
        if (_key == 'A')
        {
            _action = ACTION_MOVE;
            _pos--;
        }
        if (_key == 'D')
```

```
    {
        _action = ACTION_MOVE;
        _pos++;
    }

    switch(_action)
    {
        case ACTION_IDLE:
            /* Render idle animation*/
            printf("Idel at position: %d\n", _pos);
            break;
        case ACTION_MOVE:
            /* Render walk animation */
            printf("Walk at position: %d\n", _pos);
            break;
    }

    switch(_state)
    {
        case STATE_LIVE:
            switch(_event)
            {
                case EVENT_ATTACKED:
                    /* Change the state */
                    _state = STATE_DEAD;
                    break;
                case EVENT_RESTART:
                    /* Not change the state */
                    break;
            }
            break;

        case STATE_DEAD:
            switch(_event)
            {
                case EVENT_ATTACKED:
                    /* Not change the state */
                    break;
                case EVENT_RESTART:
```

```
                        /* To initialize the game */
                        _state = STATE_LIVE;
                        break;
                }
                break;
        }
    }
}
```

经验：函数名和变量命名是需达意的，要使程序即便在没有注释的情况下也是可读的。命名的方法在同一程序、同一项目、同一企业要一致，保证程序易记易懂。匈牙利命名法是一种常用的命名规范，变量名要体现属性、类型、对象等描述。此外，运算符与变量、函数等对象需要用空格隔开，以使代码更美观，增强程序的可读性。软件工程强调程序中要写详细的注释，但在实际程序开发中，优秀的程序开发者所编写的代码在命名上能够直观达意，并可以充分利用面向对象编程思想，不需要过多注释就能达到易被他人看懂并且再次使用的效果。

1.2   面向对象程序设计

面向对象程序设计是针对开发较大规模的程序而提出来的，目的是提高软件开发的效率。本节将简要介绍基于 C++ 的面向对象程序开发的基础知识，并通过游戏模拟程序介绍如何将面向对象思想应用在游戏开发过程中。

1.2.1   从 C 语言到 C++

C 语言是面向过程的、结构化和模块化的语言。1.1.2 节的程序模拟例子只是面向过程的，代码逻辑复杂且不易理解。为提升代码的可读性，在 C 语言程序中，经常采用函数和结构体将代码按照功能和内容封装成不同的结构和模块。在此，我们将 1.1.2 节的简单游戏模拟题目用结构化和模块化的编程风格进行一次优化。

1. 结构化程序设计

程序设计中，往往会遇到多个个体具有相同属性的问题，如游戏中玩家控制角色(Player)和非玩家控制角色(Non-Player Character，NPC)均具有位置、状态、动作等属性。因此，对这些个体的相同属性归纳后，抽象出结构体，可以简化复杂对象内存的声明和属性控制。

根据 1.1.2 节程序中提到的游戏人物具有的位置、状态、动作等属性，我们创建一个 Character 结构体，代码如下：

```
struct Character
{
    int _pos;
```

```
        int _state;
        int _action;
        int _event;
    };
```

在主函数中，只要声明一个 Character 对象 _Player 即可，通过更改其属性，可完成其初始化，代码如下：

```
    Character   _Player;
    _Player._pos = 0;
    _Player._state = STATE_LIVE;
    _Player._action = ACTION_IDLE;
    _Player._event = ENENT_EMPTY;
```

2. 模块化结构设计

由于游戏中人物间的交互过程比较复杂，面向过程的编程方法使得代码量大且复杂。为此，常通过编写与主程序相独立的基本功能函数，再通过基本功能函数组合成更复杂的功能函数，将代码模块化。

游戏循环过程可以分为游戏逻辑和游戏渲染两大部分。在简单的游戏中，游戏逻辑部分主要包括游戏人物行为计划、人物间交互、人工智能(Artificial Intelligence，AI)等功能。游戏中人物的基本动作功能相对独立，这些动作常被封装为一些常用的函数，以供游戏逻辑部分直接调用。在减少了代码量的同时，模块化的代码也易被理解和使用。

我们将 1.1.2 节中的人物移动、静止以及人工智能封装为 Character_Move()、Character_Idle()、Character_AI()函数，函数封装的代码如下：

```
    void Character_Move(Character* _agent, int _step)
    {
        (*_agent)._action = ACTION_MOVE;
        (*_agent)._pos += _step;
    }
    void Character_Idle(Character* _agent)
    {
        (*_agent)._action = ACTION_IDLE;
    }
    void Character_AI(Character* _agent)
    {
    switch((*_agent)._state)
    {
        case STATE_LIVE:
            switch((*_agent)._event)
            {
                case EVENT_ATTACKED:
```

```
                    /* Change the state */
                    (*_agent)._state = STATE_DEAD;
                break;
            case EVENT_RESTART:
                /* Not change the state */
                break;
        }
        break;

    case STATE_DEAD:
    switch((*_agent)._event)
    {
        case EVENT_ATTACKED:
            /* Not change the state */
            break;
        case EVENT_RESTART:
            /* To initialize the game */
            (*_agent)._state = STATE_LIVE;
            break;
    }
        break;
    }
}
```

在游戏过程中只要调用这 3 个函数即可化繁为简，函数使用的代码如下所示：

```
Character_Idle(&_Player);
Character_Move(&_Player, -1);
Character_AI(&_Player);
```

此外，游戏的渲染是最重要的过程，我们在人物渲染函数 Character _Render()中先利用语句输出方式对其模拟，代码如下所示：

```
void Character_Render(Character* _agent)
{
    switch((*_agent)._action)
    {
        case ACTION_IDLE:
            /* Render idle animation*/
            printf("Idel at position: %d\n", (*_agent)._pos);
            break;
        case ACTION_MOVE:
            /* Render walk animation */
```

```
                printf("Walk at position: %d\n", (*_agent)._pos);
                break;
        }
    }
```

调用渲染函数只用以下一条语句即可：

```
    Character_Render(&_Player);
```

利用以上结构化和模块化的程序设计方法，程序的主函数将变得简单易懂，如下所示：

```
    void main()
    {
        Character    _Player;
        _Player._pos = 0;
        _Player._state = STATE_LIVE;
        _Player._action = ACTION_IDLE;
        _Player._event = ENENT_EMPTY;

        int _key;

        while (1)
        {
            _key = _getch();

            if (_key == 'E')
            {
                break;
            }
            Character_Idle(&_Player);
            if (_key == 'A')
            {
                Character_Move(&_Player, -1);
            }
            if (_key == 'D')
            {
                Character_Move(&_Player, 1);
            }
            Character_AI(&_Player);
            Character_Render(&_Player);
        }
    }
```

3. 面向对象的 C++ 程序设计

C 语言在大规模程序合作开发的过程中，代码量较大，可读性差，软件开发接口的性质均为公有，多方程序开发者的软件算法也不易受到保护，因此其在合作研发过程中效率有限。

为方便大规模程序的研发，C++ 程序开发语言被广泛采用。C++ 是以面向对象语言，它由 C 发展而来，与 C 语言兼容。在 C 语言面向过程机制的基础上，C++ 对 C 语言的功能做了不少扩充，增加了面向对象的程序设计机制。

基于面向对象的程序开发思想，1.1.2 节中的代码可分解为三个文件：Character.h、Character.cpp、GameMain.cpp。在 Character.h 文件中声明人物类 Character，在 Character.cpp 文件中封装 Character 类的成员函数，在 GameMain.cpp 中编写整体游戏逻辑。作为本程序的开发接口，合作程序员只要看懂和使用 Character.h 文件即可，尽量不更改 Character.cpp 的函数封装部分。为减少所开发的程序被其他人更改后导致程序错误的风险，程序员常开发 dll 文件。即程序员对 Character.h 和 Character.cpp 进行编写并编译，交付给合作方 Character.h、Character.lib、Character.dll 以及 GameMain.cpp 等文件，从而使程序更加容易理解。本书主要讲解面向 .h 和 .cpp 的程序开发，感兴趣的读者可以学习 dll 文件的开发方法。

在 Character.h 文件中，我们将对 Character 类进行声明。一般而言，类的属性大多被声明为受保护成员或私有成员，而可供其他程序调用的函数声明为公有成员。代码如下所示：

```
class Character
{
    public:
        Character();
        ~Character();
        void Move(int _step);
        void Idle();
        void AI_Planning();
        void Render();

    protected:
        int _pos ;
        int _state ;
        int _action ;
        int _event ;
};
```

在 Character.cpp 中分别对类成员函数进行定义，先利用构造函数对类属性进行初始化，再封装移动动作、静止动作、行为计划、渲染等函数，代码如下所示：

```
#include "Character.h"
Character::Character()
{
```

```cpp
    _pos = 0;
    _state = STATE_LIVE;
    _action = ACTION_IDLE;
    _event = ENENT_EMPTY;
}
Character::~Character()
{
}
void Character::Move(int _step)
{
    _action = ACTION_MOVE;
    _pos += _step;
}
void Character::Idle()
{
    _action = ACTION_IDLE;
}
void Character::AI_Planning()
{
    switch(_state)
{
    case STATE_LIVE:
        switch(_event)
        {
            case EVENT_ATTACKED:
                /* Change the state */
                _state = STATE_DEAD;
                break;
            case EVENT_RESTART:
                /* Not change the state */
                break;
        }
    break;

    case STATE_DEAD:
        switch(_event)
        {
            case EVENT_ATTACKED:
                /* Not change the state */
```

```
                break;
        case EVENT_RESTART:
            /* To initialize the game */
            _state = STATE_LIVE;
            break;
        }
        break;
    }
}
void Character::Render()
{
    switch(_action)
    {
    case ACTION_IDLE:
        /* Render idle animation*/
        printf("Idel at position: %d\n", _pos);
        break;
    case ACTION_MOVE:
        /* Render walk animation */
        printf("Walk at position: %d\n", _pos);
        break;
    }
}
```

在主函数中，只要创建 Character 类的对象 player，并调用其类成员函数即可实现游戏过程，代码如下所示：

```
#include "Character.h"
void main()
{
    Character player;
    int _key;
    while (1)
    {
        _key = _getch();
        if (_key == 'E')
        {
            break;
        }
        player.Idle();
```

```
        if (_key == 'A')
        {
            player.Move(-1);
        }
        if (_key == 'D')
        {
            player.Move(1);
        }
        player.AI_Planning();
        player.Render();
    }
}
```

相对 1.1.2 节的代码，面向对象的程序便于理解和使用，方便项目合作研发。

1.2.2 C++ 的类与对象

每一个实体都是对象，每个对象都属于一个特定的类型。在 C++ 中对象的类型称为类(class)，类代表了某一批对象的共性和特征。类是对象的抽象，而对象是类的具体实例。类的声明格式如下所示：

```
    class   [className]
    {
        public:
            [functions()];
            [attributes] ;
        protected:
            [functions()];
            [attributes] ;
        private:
            [functions()] ;
            [attributes] ;
    };
```

对象就是类类型的一个变量。可以说类是对象的模板，是用来定义对象的一种抽象类型。相对于类(class)而言，对象(object)的含义确切来说是指物体、实体。在程序开发中，可以简要理解为：类不占用程序内存，而非空的对象是要占用内存的。类对象的定义格式如下所示：

```
    [ClassName] [Object];
```

类成员既包含属性(attributes)，也包含类操作的函数(functions)。当在类体中直接定义成员函数时，不需要在函数名前面加上类名。当在类外定义成员函数时，必须在函数名前面加上类名予以限定(qualified)，"::"是作用域限定符(field qualifier)或称作用域运算符，用它来声明函数是属于哪个类的，其使用格式如下所示：

```
[returned value] [class Name]::[functions()]
{
    //Add contents here
};
```

根据类成员的访问特性规定了外部访问类和对象属性的访问权限，提供给程序开发者适当的交互接口。类成员的访问特性分为公用(public)、私有(private)、受保护(protected)类型。

- public 成员既可以被本类中的成员函数访问，也可以被类的对象直接引用访问。
- private 成员只能被本类中的成员函数引用。
- protected 成员不能被类外访问，这点与私有成员类似，但可以被派生类的成员函数访问。

在定义类时，如果不作 private、protected、或 public 声明，系统将其成员默认为 private。而结构体的所有成员均为 public。

当双方合作开发程序时，假设甲方所有接口都设置为公有，那么乙方在不知道甲方程序算法过程的情况下，在程序操作过程中修改了个别类属性的值，会导致甲方所编写算法发生错误。因此，甲方所编写的程序不希望被别人篡改，导致非约定的异常。假设甲方所有接口都设置为私有，虽说不可通过类对象访问其属性和函数避免错误发生，但是乙方将没有任何可以调用的接口，也不可以复用甲方开发的程序。为协调合作开发的使用权限，面向对象思想提出了受保护成员的概念。若乙方想改善甲方所编写的程序，就要用到派生的概念，派生的类既可以访问公有成员，也可以访问受保护成员，但不能访问私有成员，而甲方便可以规定哪些接口是乙方可以访问的，而对类对象的访问是禁止的。

1.2.3 构造函数和析构函数

构造函数(Constructor)是一种特殊的成员函数，与其他成员函数不同，不需要用户来调用它，而是在建立对象时自动执行。如果用户自己没有定义构造函数，则 C++ 系统会自动生成一个构造函数，只是这个构造函数的函数体是空的，也没有参数，不执行初始化操作。

构造函数具有三个特点：

- 构造函数的名字必须与类名同名，而不能由用户任意命名，以便编译系统能识别它并把它作为构造函数处理，如 1.2.1 节的构造函数 Character()。
- 构造函数不具有任何类型，不返回任何值。
- 构造函数的功能是由用户定义的，用户根据初始化的要求设计函数体和函数参数，不仅可以对数据成员赋初值，而且可以包含其他语句。但是一般不提倡在构造函数中加入与初始化无关的内容，以保持程序的清晰。

析构函数(Destructor)是一个特殊的成员函数，它的作用与构造函数相反，它的名字是类名的前面加一个"~"符号，如 1.2.1 节的析构函数 ~Character()。当出现以下几种情况时，程序就会执行析构函数：

· 如果在一个函数中定义了一个对象(它是自动局部对象)，当这个函数被调用结束时，对象应该被释放，在释放对象前自动执行析构函数。

· static 局部对象在函数调用结束时并不释放对象，因此也不调用析构函数，只在 main 函数结束或调用 exit 函数结束程序时，才调用 static 局部对象的析构函数。

· 在某一作用域中定义的类对象，当该作用域结束时，调用该对象的析构函数。

· 如果用 new 运算符动态地建立了一个对象，当用 delete 运算符释放该对象时，先调用该对象的析构函数。

析构函数的作用并不是删除对象，而是在撤销对象占用的内存之前完成一些清理工作，使这部分内存可被分配给新对象使用。析构函数不返回任何值，没有函数类型，也没有函数参数。因此它不能被重载。一个类可以有多个构造函数，但只能有一个析构函数。析构函数是在声明类的时候定义的，可以完成类的设计者所指定的任何操作。

1.2.4　派生方法

一个新类从已有的类那里获得其已有特性，这种现象称为类的继承。继承方式包括：public(公用)、private(私有)和 protected(受保护)，此项是可选的，如果不写此项，则默认为 private(私有的)。从已有的类(父类)产生一个新的子类，称为类的派生。派生类继承了基类的所有数据成员和成员函数，并可以对成员作必要的增加或调整。一个基类可以派生出多个派生类，每一个派生类又可以作为基类再派生出新的派生类。声明派生类的一般形式为

```
class 派生类名: [继承方式] 基类名
{
    派生类新增加的成员
};
```

例如，游戏的玩家和 NPC 的属性大多一样，但游戏的玩家比 NPC 多一些控制功能、当前按键和之前按键的值，因此我们可以由 Character 类派生出玩家 Player 类，如下所示：

```
class Player: public Character
{
    public:
        void Control(int _input);
    private:
        int _current_input;
        int _previous_input;
};
```

表 1.1 展示了基类成员在被公用、私有和受保护继承后，访问属性的变更关系。在项目合作开发时，甲方提供给乙方某些接口，将其定义为公有或受保护类型，当类被乙方继承后，乙方根据项目要求，需对这些接口做些调整，因此就要采用合适的继承方式。

表 1.1　基类成员属性与各种继承的关系

基类中的成员	公用派生类中的访问属性	私有派生类中的访问属性	受保护派生类中的访问属性
私有成员	不可访问	不可访问	不可访问
公用成员	公用	私有	保护
保护成员	保护	私有	保护

C++ 程序开发语言除以上基本的面向对象的程序开发机制，还包括函数重载、虚函数、友元、类模板等方法，读者可以参考其他书籍详细学习这部分内容，加强程序开发技能。

1.3　STL 标准模板库

游戏过程经常出现"出生"或"死亡"事件，如怪物不定期的出现与被消灭、子弹的发射与消逝、焰火粒子的激发与消散等。在这些事件的处理过程中，都涉及动态分配内存的问题，而在游戏过程中利用 new 和 delete 动态生成内存的方式，会将某一内存指针指向的内存重新分配，或者创建一个新的指针，这种方式在大型游戏中会导致时间上的延迟，也使得对数据的访问不够灵活。为解决游戏过程中动态分配问题，开发者经常利用标准模板库。标准模板库(Standard Template Library: STL)是 C++标准程序库的一部分，它包含算法、容器、迭代器、函数、适配器五个组件。本书只介绍游戏中常用到的 vector 容器。

1.3.1　vector 容器

标准库类型 vector 是一个序列容器类模板，表示对象的集合，其中所有对象的类型都相同，所以也可以将其理解为存放着各种类型对象的"容器"。vector 所在头文件为 vector.h，所在命名空间为 std。vector 的定义和初始化方法很多，其格式和说明如表 1.2 所示。

表 1.2　vector 的定义和初始化方法

格　式	说　明
vector<T> v1	v1 是一个空 vector，它潜在的元素是 T 类型，执行默认初始化
Vector<T>v2(v1)	v2 中包含有 v1 所有元素的副本
vector<T> v2=v1	等价于 v2(v1)，v2 中含有 v1 所有元素的副本
vector<T> v3(n,val)	v3 包含了 n 个重复的元素，每个元素的值都是 val
vector<T> v4(n)	v4 包含了 n 个重复地执行了值初始化的对象
vector<T> v5{a,b,c...}	V5 包含了初始值个数的元素，每个元素被赋予相应的初始值
vector<T> v5={a,b,c...}	等价于 v5{a,b,c...}

vector 的常用操作如表 1.3 所示。

表 1.3 vector 的常用操作

格 式	说 明
v.empty()	如果 v 不含有任何元素，则返回真值；否则，返回假
v.size()	返回 v 中元素的个数
v.push_back(t)	向 v 的尾端添加一个值为 t 的元素
v[n]	返回 v 中第 n 个位置上元素的引用
v1 = v2	用 v2 中元素的拷贝替换 v1 中的元素
v1={a,b,c...}	用列表中元素的拷贝替换 v1 中的元素
v.pop_back( )	删除 v 中最后一个元素
v.clear( )	删除 v 中所有元素
v.erase( )	删除由迭代器指定的元素
v.begin()	生成指向容器中第一个元素的迭代器
v.end()	生成指向容器中尾元素的迭代器

例如，当创建一个 vector 对象时不清楚实际所需的元素个数，元素值也无法确定时，我们可以先创建一个空 vector，然后在运行时利用 vector 的成员函数 push_back()向其中添加元素，将新的数据追加到 vector 对象的尾部。以下程序演示了如何将 0 到 99 个整数添加到 vector 中：

```
Std::vector<int> _v;            //创建一个空的 vector
for(int i = 0; i < 100; i++){
        _v.push_back(i);        //依次把整数值放到_v 尾端
}
```

1.3.2 iterator 迭代器

在访问、插入和删除 vector 容器中的某一数据时，通常使用 iterator 迭代器，它是一种遍历容器内元素的对象单元。

iterator 迭代器可以通过以下语句进行声明：

```
std::vector<Attribute>::iterator [IteratorName];
```

迭代器的常用操作如表 1.4 所示。

表 1.4 iterator 迭代器的常用操作

格 式	说 明
*iter	返回迭代器 iter 所指元素的引用
iter->attribute	解引用 iter 并获取该元素的名为 attribute 的成员，等价于(*iter).Attribute
++iter	令 iter 指向容器中的下一个元素
--iter	令 iter 指向容器中的上一个元素

格　式	说　明
iter + n	迭代器加上一个整数值仍得到一个迭代器, 迭代器指示的新位置与原来相比向后移动了 n 个元素
iter - n	迭代器减去一个整数值仍得到一个迭代器, 迭代器指示的新位置与原来相比向前移动了 n 个元素
iter1 - iter2	两个迭代器相减的结果是它们之间的距离
iter1 ! = iter2	比较 iter1 和 iter2 迭代器的不等性

例如, 利用 iter 迭代器删除_v 容器的第 5 个元素的代码为

```
std::vector<int>::iterator iter;
iter = _v.begin() + 4;
_v.erase(iter);
```

第 2 章　Windows 编程基础

Windows API 是 Windows 操作系统与 Windows 应用程序之间通信的接口，是 Windows 操作系统提供的标准函数。编写一个 Windows 操作系统需要用到多种 API 函数，这些 API 函数使 Windows 应用程序界面更加丰富，功能灵活。在本章节中我们将学习如何使用一些 Windows API 函数创建应用程序，并且介绍如何处理鼠标、键盘和时间消息，为 DirectX 开发游戏搭建一个基本的程序框架。

2.1　基于事件和消息的 Windows 操作系统

Windows 是一个事件驱动的、基于消息的操作系统。本节主要介绍了 Windows 的消息机制和如何生成一个简单的 Windows 窗体。

2.1.1　Win32 消息机制

事件用来描述程序的运行状态或环境的改变，用户按键、鼠标移动、窗口状态的改变等都是事件。消息是一个信息，Windows 操作系统利用发送消息来通知应用程序某个事件的发生，然后调用相应的程序对某个事件进行响应。一个事件往往伴随着多个消息的产生。当用户触发某一事件时，操作系统可以感知，并将此事件转换为消息发送到程序的消息队列中，应用程序利用消息循环从消息队列中取出消息并将其分发到窗口过程中去处理。产生消息的来源有三个，分别是由操作系统产生、由用户触发的事件转换而来、由另一个消息产生。

图 2.1 展示了 Windows 操作系统的消息机制。当用户用鼠标、操作杆或键盘触发对某

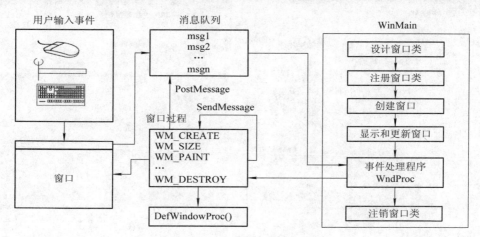

图 2.1　Windows 操作系统消息机制

个窗口的某个事件时，操作系统会将此事件所对应的消息发送到该消息队列中，应用程序在消息循环中从消息队列中不断地提取消息，在通过事件处理程序(通常命名为 WndProc)中根据消息的种类，执行不同的程序。例如，当鼠标拖曳窗口边缘改变窗口大小时，会产生 WM_SIZE 消息，在窗口过程中会处理当窗口大小改变消息产生时的操作。如果窗口事件处理过程中没有与某个消息对应的处理操作，则将其转发给系统默认的窗口过程 DefWindowsProc，由系统进行默认处理。

2.1.2 创建 Win32 项目

本小节介绍如何利用 Microsoft Visual Studio 2010 向导创建一个 Win32 项目。首先，打开 Microsoft Visual Studio 2010，选择"文件"→"新建"→"项目"，在打开的对话框中选择"Win32 项目"，设置项目名称和解决方案名称，选择工程保存路径，然后点击确定，如图 2.2(a)所示。

(a) 步骤 1

(b) 步骤 2

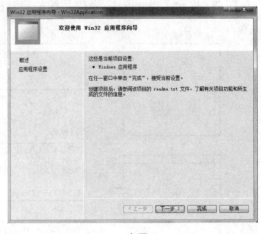

(c) 步骤 3

图 2.2 创建 Win32 项目

在如图 2.2(b)所示的界面中点击下一步后，进入图 2.2(c)所示的应用程序设置界面。本书将讲解如何从头编写代码创建一个 Win32 项目，因此需要在图 2.2(c)的界面中勾选上"附加选项"的"空窗体"选项，创建一个没有任何代码的空项目。

若在图 2.2(c)中，不勾选"空窗体"时，将会得到一个带有代码的基本窗口程序。直接运行创建完的项目可以显示一个空白的窗体，如图 2.3(a)所示。创建完成后系统会自动生成很多的代码，如图 2.3(b)所示，可以在其基础上添加代码来增加自己想要的功能。因为篇幅有限，不再分析各个文件中的程序，读者在看完本章后面的内容后再回过头来看这些代码会十分清楚。

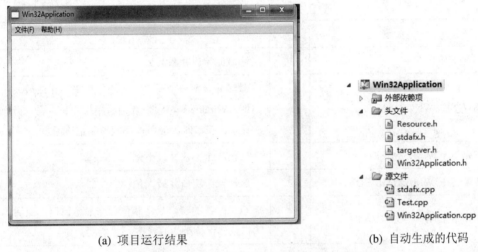

(a) 项目运行结果　　　　　　　　　　　　　　(b) 自动生成的代码

图 2.3　用向导自动生成的非空 Win32 项目

2.2　Win32 应用程序

本节将在创建一个空的 Win32 项目基础上，介绍如何自己编写代码创建一个简单的 Win32 应用项目，进而掌握 Win32 应用程序的框架结构。

2.2.1　WinMain()函数

在标准 C 语言中，程序的入口函数是 main()函数，所有的 C 程序都必须有一个 main()函数。而在 Windows 应用程序中，扮演 main()函数这个必不可少的角色的是 WinMain()函数，其原型如下：

```
int WINAPI WinMain(
    __in  HINSTANCE hInstance,
    __in  HINSTANCE hPrevInstance,
    __in  LPSTR lpCmdLine,
    __in  int nCmdShow
);
```

其中其各项形参含义如下：

- hInstance——当前应用程序实例句柄。

句柄是标识 Windows 应用程序中各种资源的标识号，如窗口句柄、光标句柄、位图句柄等等，我们对这些资源对象的访问需要通过句柄来实现，并且在 Windows 应用程序中我们将会广泛地接触句柄。

- hPrevInstance——该参数已被淘汰，但仍需要写上，设为 NULL 即可
- lpCmdLine——以空终止的字符串，指定传递给应用程序的命令行参数。
- nCmdLine——指定应用程序窗口的显示方式，如隐藏、最大化、最小化等。其值作为 ShowWindow() 函数的参数使用，表 2.1 列出了其取值和对应的功能。

表 2.1　窗口展示方式参数列表

参　　数	值	功　　能
SW_HIDE	0	隐藏此窗口并激活另一个窗口
SW_SHOWNORMAL	1	激活并显示一个窗口，若该窗口最小化或最大化的话，Windows 将它恢复到原始尺寸和位置。第一次显示该窗口时，应用程序应该制定该标志
SW_SHOWMINMIZED	2	激活一个窗口并最小化
SW_SHOWMAXIMIZED	3	激活一个窗口并最大化
SW_SHOWNOACTIVATE	4	以上一次的窗口尺寸和位置来显示窗口，激活的窗口依然保持激活的状态
SW_SHOW	5	以当前的尺寸和位置激活和显示该窗口
SW_MINIMIZE	6	最小化该窗口并且激活系统列表中最顶部的窗口
SW_SHOWMINNOACTIVATE	7	以图标方式显示该窗口，激活的窗口仍然保持激活状态
SW_SHOWNA	8	以该窗口的当前状态显示该窗口，激活的窗口仍然保持激活状态
SW_RESTORE	9	激活并显示该窗口。如果此窗口已最小化或最大化，Windows 恢复其原始尺寸和位置。

在 WinMain() 函数中，我们需要做的工作是创建窗口，并且进行消息循环，WinMain() 函数将通过消息循环从消息队列中提取消息，并把消息提交到窗口过程处理。在 WinMain() 函数中，实现上述功能需要六步，分别是设计窗口类、注册窗口类、创建窗口、显示和更新窗口、进入消息循环、注销窗口类。在下文中，我们将详细地讲解这些过程的实现方法。

2.2.2　设计与注册窗口类

Windows 上的每一个窗口、对话框、文本框等都是一个窗口，它们之所以不同是因为

定义它们的类不同。Windows 定义了两个结构体来定义窗口的特征，分别是 WNDCLASS 和 WNDCLASSEX。其中 WNDCLASS 属于早期版本，以兼容以往程序。WNDCLASSEX 在包含 WNDCLASS 的属性基础上，扩充了窗口发展所需的若干属性，当前，它增加指定 WNDCLASSEX 结构体大小的 cbSize 属性和窗口标题栏的图标 hIconSm 属性，在未来窗口的发展中，WNDCLASSEX 或许还会增加其他属性。在本章节中，我们以 WNDCLASS 为例讲解窗口类的基本属性。

1. WNDCLASS 的结构体

WNDCLASS 的结构体定义如下：

```
typedef struct tagWNDCLASS {
    UINT            style;              //窗口类型
    WNDPROC         lpfnWndProc;        //窗口过程函数
    int             cbClsExtra;         //窗口扩展
    int             cbWndExtra;         //窗口实例扩展
    HINSTANCE       hInstance;          //实例句柄
    HICON           hIcon;              //窗口的图标
    HCURSOR         hCursor;            //窗口鼠标光标
    HBRUSH          hbrBackground;      //窗口背景色
    LPCSTR          lpszMenuName;       //窗口菜单名
    LPCSTR          lpszClassName;      //窗口类名
} WNDCLASS, *PWNDCLASS;
```

• style：设置窗口类型，这类属性有很多，多个属性可以通过或运算符(|)进行组合，常用的属性如表 2.2 所示。

表 2.2　窗口类额外属性取值

取 值	功 能
CS_HREDRAW	若移动或改变了窗口宽度，则刷新整个窗口
CS_VREDRAW	若移动或改变了窗口高度，则刷新整个窗口
CS_DBLCLKS	当用户在窗口中双击时，向窗口所在类的窗口过程发送一个鼠标的双击消息
CS_NOCLOSE	禁用窗口关闭按钮

• lpfnWndProc：窗口过程函数指针，用于指定窗口过程中伴随的处理函数。

• cbClsExtra：窗口类的额外扩展，一般设置为 0。

• cbWndExtra：窗口实例的额外扩展，一般设置为 0。

• hInstance：实例句柄，通常赋值为 WinMain 函数中的第一个句柄参数。

• hIcon：窗口的图标句柄，指向窗口类图标资源句柄，如果设置为 NULL，则系统提供默认的句柄。

• hCursor：光标句柄。它指定了鼠标指针进入窗口的用户区后显示的光标样式。我们可以使用 LoadCursor()函数加载一个光标资源赋予它。

- hbrBackground：窗口类背景画刷句柄。我们可以使用 GetStockObject()函数来为其指定一个系统的标准画刷。
- lpszMenuName：窗口菜单名称。当设为 NULL 时，窗口将没有菜单。
- lpszClassName：创建的窗口类的名称，可以作为窗口类创建实例化窗口应用程序。

2. 设计与注册窗口类实例

设计窗口类就是设置窗口结构体变量中的各项参数。设计完一个窗口类之后，我们还需要对其进行注册，才能使用其创建窗口。注册窗口类也有两个函数，分别是 RegisterClassEx() 和 RegisterClass()，其中 RegisterClassEx()用于注册基于新版本 WNDCLASSEX 的窗口类。在本章节中，我们使用 RegisterClass 函数注册基于 WNDCLASS 的窗口类，设计和注册窗口类的操作如下：

```
WNDCLASS wc;
// 1. 设计一个窗口类
wc.style = CS_HREDRAW | CS_VREDRAW;          //窗口类的样式，0 代表默认
wc.lpfnWndProc = (WNDPROC)WndProc;           //指定窗口处理函数
wc.cbClsExtra = 0;                           //窗口类扩展
wc.cbWndExtra = 0;                           //窗口的扩展
wc.hInstance = hInstance;                     //指定窗口的句柄
wc.hIcon =    LoadIcon(0,IDI_WINLOGO);       //图标句柄
wc.hCursor = LoadCursor(NULL,IDC_ARROW);     //加载光标句柄
wc.hbrBackground = (HBRUSH)(COLOR_WINDOW+1); //指定画刷颜色
wc.lpszMenuName = NULL;                       //设置菜单名称
wc.lpszClassName = TEXT("MyWndClass");       //窗口类的名字

// 2. 注册窗口类
RegisterClass(&wc);
```

3. 补充知识点：Unicode 字符集和多字节字符集

在为窗口菜单名称lpszMenuName和窗口类名lpszClassName命名时，可以选择 Unicode 字符集和多字节字符集，在 VS2010 中选择项目的"属性"后，在"配置属性"的常规中，可以对"字符集"定义，如图 2.4 所示。

当使用多字节字符集时，系统采用 ANSI 字符集表达各国文字，各国派生的字符集以 ASCII 127 bits 为基础，制定了自己的字符集，对应的字符串数据类型为 LPCSTR，为其赋值可以直接用引号表达，如"string"。

当使用 Unicode 字符集时，系统固定地利用 2 个字节表示一个字符，对应的字符串数据类型为 LPCWSTR，为其赋值可以直接用 L+引号表达，如 L"string"。

VS2010 中，使用多字节字符集的函数多以 A 结尾表示，使用 Unicode 字符集的函数多以 W 结尾表示。为了方便其赋值，我们可以用 TEXT()函数对字符串赋值，如 TEXT("string")，系统将根据所使用的字符集，对字符串进行转换。

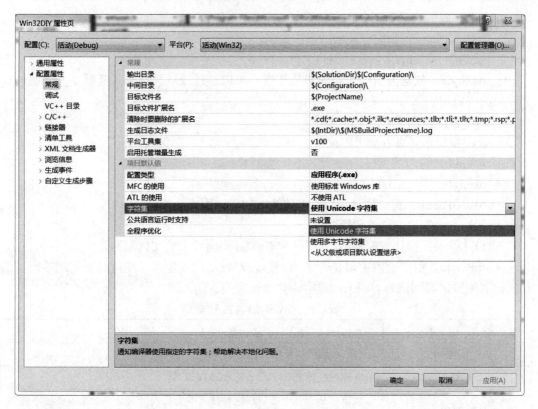

图 2.4　指定字符集界面

2.2.3　创建窗口

窗口类注册后我们就可以创建窗口了，本节将介绍窗口创建函数和窗口创建的实例。

1. 窗口创建函数

创建窗口使用的函数是 CreateWindow()，它返回的是一个窗口句柄，该函数原型如下：

```
HWND   WINAPI   CreateWindow(
    __in DWORD dwExStyle,
    __in_opt LPCSTR lpClassName,
    __in_opt LPCSTR lpWindowName,
    __in DWORD dwStyle,
    __in int X,
    __in int Y,
    __in int nWidth,
    __in int nHeight,
    __in_opt HWND hWndParent,
    __in_opt HMENU hMenu,
    __in_opt HINSTANCE hInstance,
    __in_opt LPVOID lpParam);
```

其各个参数的含义如下：

- lpClassName：指向已注册的窗口类名。
- lpWindowName：创建的窗口名称。
- dwStyle：创建的窗口包含的附加属性，可以通过或运算符来为其制定多个属性。

其常用的取值如表 2.3：

- X：窗口在水平方向上的位置。
- Y：窗口在竖直方向上的位置。
- nWidth：窗口的宽度。
- nHeight：窗口的高度。
- hWndParent：窗口的父窗口，若值为 NULL，则桌面就是父窗口。
- hMenu：窗口的菜单句柄。
- hInstance：窗口实例句柄，常使用 WinMain() 函数中的实例句柄。
- lpParam：用于检测窗口是否成功创建。若成功创建窗口，则返回所创建的窗口的句柄；若失败，返回值为 NULL。通常该参数设置为 NULL。

表2.3　dwStyle属性的取值

参　　　　数	功　　　　能
WS_BORDER	有细线边界的窗口
WS_CAPTION	有标题栏的窗口(包含WS_BORDER属性)
WS_CHILD	该窗口是一个子窗口。这种样式的窗口不能有菜单，这项参数不能和WS_POPUP一同使用
WS_VISIBLE	开始就可见的窗口
WS_MAXIMIZE	开始就最大化的窗口
WS_MINIMIZE	开始就最小化的窗口
WS_HSCROLL	带有一个水平滚动条的窗口
WS_VSCROLL	带有一个垂直滚动条的窗口
WS_POPUP	弹出式窗口，不可以和WS_CHILD属性一同使用
WS_IVERLAPPEDWINDOW	重叠式窗口，具有WS_OVERLAPPED、WS_CAPTION、WS_SYSMENU、WS_THICKFRAME、WS_MAXIMIZEDBOX和WS_MINIMIZEDBOX属性

2. 窗口创建实例

创建一个窗口的操作如下：

```
// 3. 创建窗口
hwnd = CreateWindow(
        TEXT("MyWndClass"),
        TEXT("标题"),
        WS_OVERLAPPEDWINDOW,              //窗口的样式
        CW_USEDEFAULT,                    //水平位置
        CW_USEDEFAULT,                    //垂直位置
```

640,	//窗口宽度
480,	//窗口高度
NULL,	//父窗口句柄
NULL,	//菜单
hInstance,	//句柄
NULL);	

如果我们要创建多个窗口的话可以使用 CreateWindow()函数去创建任意多个基于同一个窗口类的窗口，如果定义了多个窗口类，也可以创建多个基于不同窗口类的窗口。

2.2.4　显示和更新窗口

上一步创建的窗口并不能显示出来，我们需要调用 ShowWindow()函数去显示创建好的窗口。

1. 窗口显示函数

窗口显示使用的函数是 ShowWindow()，其原型如下：

```
WINUSERAPI BOOL WINAPI ShowWindow(
    __in HWND hWnd,
    __in int nCmdShow);
```

其参数含义如下：

hWnd：要显示的窗口的句柄。

nCmdShow：指定窗口如何显示。该参数常见取值见表 2.1，一般情况下使用 WinMain()函数中的 nCmdShow 值作为参数。

2. 窗口更新函数

显示窗口后我们还需要调用窗口更新函数去刷新窗口，并且产生一个 WM_PAINT 消息。窗口更新函数为 UpdateWindow ()，原型如下：

```
WINUSERAPI BOOL WINAPI UpdateWindow(
    __in HWND hWnd);
```

其参数含义如下：

hWnd：要显示的窗口的句柄。

3. 显示和更新窗口实例

显示和更新窗口的操作如下：

```
//4. 显示和更新窗口
ShowWindow(hwnd,nCmdShow);              // nCmdShow 用来控制如何显示窗口
UpdateWindow(hwnd);
```

2.2.5　消息循环

Windows 操作系统是基于消息的，它通过消息与应用程序进行通信。当用户对应用程序进行操作时，会产生一个事件，操作系统感知该事件并将其包装成一个或多个消息投送

到该应用程序的消息队列中去。应用程序通过消息循环在消息队列中取出消息进行翻译，然后分发给窗口过程进行处理。

1. 消息结构体

Win32 项目通过 MSG 结构体来表示 Windows 程序中的消息。其原型如下：

```
typedef struct tagMSG {
    HWND        hwnd;
    UINT        message;
    WPARAM      wParam;
    LPARAM      lParam;
    DWORD       time;
    POINT       pt;
} MSG, *PMSG
```

其各项参数含义如下：

- hwnd：指定哪一个窗口的窗口过程函数将处理该消息。
- message：该消息的标识符。
- wParam、lParam：32 位消息的特定附加信息，取决于 message。
- time：消息投递到消息队列中的时间。
- pt：保存消息投递到消息队列中时鼠标的位置。

2. 消息循环

下面我们讲解如何编写消息循环部分的程序。从消息队列中得到消息有两个函数供我们选择，分别是 GetMessage() 和 PeekMessage()。有的消息需要翻译才能交由窗口过程处理，翻译消息的函数是 TranslateMessage()，它将虚拟键消息转换为字符消息，翻译后的消息由 DispatchMessage() 函数分发到窗口过程中处理。

1）GetMessage() 函数

GetMessage() 从消息队列中取出一个消息，若消息队列不空，且返回值非零，则继续执行下面的操作，并将该消息从消息队列中移除。如果收到 WM_QUIT 消息，则返回值是零，出错时返回值是 −1。如果一直没有接收到消息，则会一直等待，程序将会卡在此处。GetMessage() 函数的原型如下所示：

```
WINUSERAPI BOOL WINAPI GetMessage (
    __out LPMSG lpMsg,
    __in_opt HWND hWnd,
    __in UINT wMsgFilterMin,
    __in UINT wMsgFilterMax);
```

其各项参数含义如下：

lpMsg：指向消息结构体的指针，该结构体保存了取自消息队列的消息。

hWnd：指定消息所属的窗口，NULL 表示接收属于当前线程的所有窗口的消息。

wMsgFilterMin：指定要接收的消息的最小值，一般设为 0。

wMsgFilterMax：指定要接收的消息的最大值。如果 wMsgFilterMin 和 wMsgFilterMax

都设为 0，则代表接收所有的消息。

下面是基于 GetMessage()的消息循环代码：

```
while(GetMessage(&msg,NULL,0,0))
{
    TranslateMessage(&msg);
    //有一些消息需要翻译，主要是键盘的消息。
    DispatchMessage(&msg);
    //转达到窗口过程函数里，由窗口过程函数进行处理
}
```

2）PeekMessage()函数

对于 GetMessage()函数，它必须接收到一个消息才能返回，否则程序将处于等待状态，直到有消息出现，并且在等待的过程中，程序不能执行其他的任何操作。这对于要求实时渲染的游戏开发来说是不满足要求的。而 PeekMessage()函数可以满足这一要求。无论消息队列有无消息，PeekMessage()都会返回，从而程序得以继续执行下面的操作，不影响游戏的运行。因此，在本书中，我们获取消息时使用的是 PeekMessage()。

PeekMessage()函数的原型如下：

```
WINUSERAPI BOOL WINAPI PeekMessage (
    __out LPMSG lpMsg,
    __in_opt HWND hWnd,
    __in UINT wMsgFilterMin,
    __in UINT wMsgFilterMax,
    __in UINT wRemoveMsg);
```

PeekMessage()函数的前四个参数与 GetMessage()函数的前四个参数完全一样。第五个参数 wRemoveMsg 用于指定消息的检索方式，可以在 PM_NOREMOVE 和 PM_REMOVE 之间选择。PM_NOREMOVE 表示消息处理之后并不在消息队列中移除，PM_REMOVE 表示消息处理之后要在消息队列中移除，一般情况下我们取后者。PeekMessage()在检索消息队列中的消息时，如果检索到消息就处理，否则执行其他的游戏逻辑程序。下面是基于 PeekMessage()的消息循环代码。

```
// 5. 消息循环
ZeroMemory(&msg,sizeof(MSG));
while(msg.message != WM_QUIT)
{
    if(PeekMessage(&msg, 0, 0, 0, PM_REMOVE))
    {
        TranslateMessage(&msg);
        DispatchMessage(&msg);
    }
    ///////////////////////////////////////////////
    /////循环过程，如游戏的实时渲染和过程///
```

```
/////////////////////////////////////////////////////////////
    }
```

2.2.6　注销窗口类

在消息循环结束后，我们要把之前注册的窗口类注销，虽然这一步不是必需做的，但为了稳定起见，我们还是要注销一下。注销窗口类使用的函数是 UnRegisterClass()和UnregisterClassEx()，同注册窗口时一样，这两个函数分别对应基于旧版和新版的结构体的窗口类。

1. 窗口类注销函数

窗口类注销函数 UnRegisterClass()的原型如下：

```
WINUSERAPI BOOL WINAPI UnregisterClass(
    __in LPCSTR lpClassName,
    __in_opt HINSTANCE hInstance);
```

其各项参数含义如下：

· lpClassName：窗口类的名称。

· hInstance：创建该窗口类的应用程序实例句柄。

2. 窗口类注销实例

注销一个窗口类操作实例如下所示：

```
// 6. 注销窗口类
UnregisterClass(TEXT("MyWndClass"),hInstance);
```

2.3　窗　口　过　程

本章节首先介绍窗体过程函数编写方法，然后介绍三维游戏相关的基于 Win32 的鼠标、键盘、时间消息的处理方法。

2.3.1　窗口过程函数

前面我们讲到 Windows 应用程序会从消息队列中取出消息，并且把消息投递到窗口过程函数中去处理。也就是说用户与程序的交互操作的重点实现就在这个窗口过程函数里。设计窗口类时参数 lpfnWndProc 的取值就是一个指向窗口过程函数的指针，窗口过程函数实际上是一个回调函数。它的原型如下所示：

```
LRESULT CALLBACK WndProc(HWND hwnd,
    UINT message,
    WPARAM wParam,
    LPARAM lParam);
```

窗口过程函数和其参数的命名是可以改变的，其各项参数含义如下：

- hwnd：需要处理消息的窗口的句柄。
- message：指定要处理的消息的 ID。
- wParam：消息的附加信息，具体取值取决于 message。
- lParam：消息的附加信息，具体取值取决于 message。

当某一窗口向应用程序发送消息时，需要调用该窗口过程函数去处理该消息，但是调用该窗口过程函数的不是应用程序，而是 Windows 操作系统。因为一个应用程序可能有多个窗口类，每个窗口类都对应着不同的窗口过程函数，那么，操作系统是如何判定该调用哪一个窗口过程函数的呢？DispatchMessage()函数将消息分发到消息的目标窗口，根据窗口所属的窗口类来得到目标窗口过程函数，给窗口过程函数传递窗口句柄、消息、wParam、lParam 等参数然后调用该函数。在该函数利用 switch/case 语句对所关心的消息进行处理，不关心的消息交由 Windows 的默认窗口过程函数 DefWindowProc()处理。

2.3.2　键盘消息

进行游戏时我们常常需要使用键盘来控制人物的行走、技能的发射等等，下面我们介绍如何处理键盘控制事件。

在 Windows 中处理键盘输入事件有三种办法，分别是 WM_KEYDWON、WM_CHAR、GetAsyncKeyState()函数，其中前两者是由 Windows 产生的消息，具体的按键消息由窗口过程函数中的参数 wParam 和 lParam 描述。第三种是调用 GetAsyncKeyState()函数，该函数可判断用户当前是否按下了键盘上的某个值，是为 1，否为 0。

1. WM_KEYDWON 消息

在使用 WM_KEYDOWN 消息时，wParam 包含按键的虚拟键码，lParam 描述其他可能被按下的专用控制键。表 2.4 列出了一写常用键的虚拟键码。

表 2.4　常用键的虚拟键码

虚 拟 键 码	说　　明	虚 拟 键 码	说　　明
VK_BACK	退格键	VK_HOME	HOME 键
VK_TAB	Tab 键	VK_LEFT	左箭头
VK_RETURN	回车键	VK_RIGHT	右箭头
VK_SHIFT	SHIFT 键	VK_UP	上箭头
VK_CONTROL	Ctrl 键	VK_DOWN	下箭头
VK_PAUSE	Pause 键	VK_INSERT	插入键
VK_ESCAPE	ESC 键	VK_DELETE	DELETE 键
VK_SPACE	空格键	VK_HELP	帮助键
VK_PRIOR	PageUp 键	No VK_CODE	0~9 键
VK_NEXT	PageDown 键	No VK_CODE	A~Z 键
VK_END	END 键	VK_F1-VK_F12	F1~F12 键

下面的程序演示了使用 WM_KEYDOWN 消息处理键盘输入事件的方法。

```
switch(message)
{
    /*其他消息响应事件*/
    case WM_KEYDOWN:
        switch(wParam)
        {
            case VK_ESCAPE:
                PostQuitMessage(0);        //退出程序
                return 0;
            case VK_LEFT:
                //执行相应的操作;
                break;
            case VK_RIGHT:
                //执行相应的操作;
                break;
        }
        break;
        /*其他消息响应事件*/
}
```

2. WM_CHAR 消息

在使用 WM_CHAR 消息时，wParam 包含所按下键的 ASCII 码，需要注意的是 ASCII 需要关心按键的大小写，而虚拟键码不需要关心按键的大小写，因此我们在使用二者的时候需要根据情况来选择。lParam 包含一个位编码状态矢量，描述其他特定的可能被按下的控制键。

下面一段程序介绍了如何使用 WM_CHAR 消息来处理键盘事件。

```
switch(message)
{
    /*其他消息响应事件*/
    case WM_CHAR:
    switch(wParam)
    {
        case 'q':
            MessageBox(hwnd, TEXT("q "), TEXT("消息框"), NULL);
            break;
        case 'Q':
            MessageBox(hwnd, TEXT("Q "), TEXT("消息框"), NULL);
            break;
    }
    break;
```

```
    /*其他消息响应事件*/
    }
```

3. GetAsyncKeyState()函数

第三种处理键盘输入事件的方法是使用 GetAsyncKeyState()函数，它的原型如下：

```
    WINUSERAPI SHORT WINAPI GetAsyncKeySate(
                __in int vKey);
```

通过向该函数传递想要测试的按键，可以轻松地得知该键是否被按下。另外该方法较前两种方法使用的位置更加灵活，不用必须写在窗口过程函数中，通常写在 WinMain()函数的消息循环过程中。下面一段程序展示了如何使用该函数处理键盘输入事件。

```
    if(GetAsyncKeyState('W') & 0x8000f)
    {   //执行相应操作
        MessageBox(NULL, TEXT("W"), TEXT("消息框"), NULL);
    }
    if(GetAsyncKeyState(VK_DOWN) & 0x8000f)
    {
        //执行相应操作
        MessageBox(NULL, TEXT("Down"), TEXT("消息框"), NULL);
    }
```

2.3.3 鼠标消息

在 Windows 程序设计中用鼠标进行界面交互十分方便，像游戏《火炬之光》、《英雄联盟》中人物的行走都是由鼠标控制的。因此鼠标消息也是我们常常需要关心的消息。

鼠标的消息共有 21 种，其中有 11 种是非客户区消息，10 种客户区消息，我们所需要关心的就是客户区消息。表 2.5 是关于客户区的鼠标消息。

表 2.5　客户区鼠标消息

消 息 名 称	含 义
WM_MOUSEMOVE	鼠标移动
WM_LBUTTONDOWN	鼠标左键按下
WM_LBUTTONUP	鼠标左键弹起
WM_LBUTTONDBLCLK	鼠标左键双击
WM_RBUTTONDOWN	鼠标右键按下
WM_RBUTTONUP	鼠标右键弹起
WM_RBUTTONDBLCLK	鼠标右键双击
WM_MBUTTONDOWN	鼠标中键按下
WM_MBUTTONUP	鼠标中键弹起
WM_MBUTTONDBLCLK	鼠标中键双击

下面一段程序演示了当鼠标左键按下并且移动的时候，鼠标所划过的窗口的像素会被着色。

```
switch(message)
{
    /*其他消息响应事件*/
    case WM_MOUSEMOVE:
        if(wParam & MK_LBUTTON)
        {
            hdc = GetDC(hwnd);
            SetPixel(hdc, LOWORD(lParam), HIWORD(lParam),
                    RGB(255, 0, 255));          //着色鼠标点击处的像素
            ReleaseDC(hwnd, hdc);
        }
        break;
    /*其他消息响应事件*/
}
```

2.3.4　时间消息

许多游戏中都带有动画，控制动画的播放就需要程序能够在固定的时间间隔内刷新画面，否则游戏可能会运行过快或过慢，导致动画播放的流畅性受到破坏。一般来说，30 帧/秒是可接受的最小的游戏运行帧频。那么，在 Windows 中如何进行时间控制呢？一般来说有两种办法，一种是利用 Windows API 函数 SetTimer()，一种是利用时间函数来设置固定的时间间隔。本节主要介绍利用 SetTimer()函数来进行时间控制。

1. SetTimer()函数

SetTimer()函数会设置一个定时器，它会在指定的时间间隔内产生一个 **WM_TIMER** 消息来通知程序，然后我们在窗口过程函数中对其进行处理，或者指定该定时器的响应函数。在一个程序中我们可以设置任意多个定时器，但需要注意的是定时器也需要占用系统资源。下面我们来看一下它的原型：

```
WINUSERAPI UINT_PTR WINAPI SetTimer(
    __in_opt HWND hWnd,
    __in UINT_PTR nIDEvent,
    __in UINT uElapse,
    __in_opt TIMERPROC lpTimerFunc);
```

其中各参数解释如下：
- hWnd：该定时所属的窗口的句柄。
- nIDEvent：定时器 ID 号。
- uElapse：延迟的时间(微秒级)。

•　lpTimerFunc：当定时器指定的时间到达时要执行的函数，是一个回调函数，可以为 NULL。

当我们没有指定定时器的响应函数时，它产生的消息需要在窗口过程函数中处理。比如，我们创建一个定时器，让其每一秒钟产生一个 WM_TIMER 消息去通知程序绘制不同的文字信息，并在定时器使用完毕后，利用 KillTimer() 函数移除定时器，程序如下所示：

```
switch(message)
{
    /*其他消息响应事件*/
    case WM_CREATE:
        SetTimer(hwnd,ID_TIMER,1000,NULL);
        break;

    case WM_TIMER:
        flag = !flag;
        InvalidateRect(hwnd,NULL,FALSE);
        break;

    case WM_PAINT:                                //绘制消息
        hdc = BeginPaint(hwnd,&ps);

        GetClientRect(hwnd,&rect);                //rect 为窗口内部的客户区大小
        SetTextColor(hdc, flag ? RGB(0, 0, 255) : RGB(0, 255, 0) );
                                                  //更改字体颜色
        DrawText(hdc, flag ? szNumArray : szBufferStr, -1, &rect,
                DT_SINGLELINE|DT_CENTER | DT_VCENTER);
                                                  //画到一行中，左右居中，上下居中
        EndPaint(hwnd,&ps);
        break;

    case WM_DESTROY:
        KillTimer(hwnd,ID_TIMER);    //移除定时器
        PostQuitMessage(0);          //利用 windowsAPI 函数关掉窗口
        return 0;

    /*其他消息响应事件*/
}
```

此外，我们还可以通过 SetTimer 函数指定时间响应事件，例如 SetTimer (hWnd,

ID_TIMER1, 2000, TimerProc)，其中 TimerProc 时间处理程序定义如下所示，在定时时间到的时候，系统将调用这个函数。

```
VOID CALLBACK TimerProc(HWND hWnd,UINT message,UINT iTimerID,DWORD dwTimer)
{
    /*时间消息处理事件*/
}
```

第 3 章 DirectX 简介

在计算机图形领域中，著名的图形应用程序编程接口(Application Programming Interface，API)有 DirectX 和 OpenGL。OpenGL 是一款开放性图形函数标准库，有良好的跨平台性。相对 OpenGL 而言，DirectX 除了提供了较为复杂的图形处理组件外，还提供音频、输入控制等组件。在 Windows 系列平台上，DirectX 明显占据主导地位，游戏市场上很多经典的 Windows 平台游戏都是基于 DirectX 开发，如《英雄联盟》《魔兽世界》等。

3.1 启动 Direct3D

DirectX 是由微软开发的一套 API，这套 API 包含了 Direct Graphics(Direct3D + Direct Draw)、Direct Input、Direct Show、Direct Sound、Direct Play、Direct Setup、Direct Objects 等多个组件，使用这些组件程序员在编程时就不用关心电脑底层硬件了。在本书后面的内容中我们将重点学习 DirectX 的图形 API——Direct3D。

3.1.1 Direct3D 工作原理

DirectX 最大的成功之处在于它提供了一套优秀的图形 API—Direct3D。Direct3D，简称 D3D，是一套底层图形 API，它被视作应用程序与图形设备交互的中介，我们能够利用其硬件加速功能来绘制 3D 场景。

图 3.1 展示了使用 Direct3D 的 Win32 应用程序的实现过程和原理。利用 DirectX 的程序开发可以无需关心所使用的硬件设备，利用 Direct3D 开发游戏也可以不用关心电脑使用的图形硬件，这主要得益于图形硬件设备之上的硬件抽象层(Hardware Abstraction Layer，HAL)。HAL 是由硬件制造商提供的，它提供了简单的设备驱动程序接口，可以极大地方便游戏开发中的程序编写。Direct3D 可以通过 HAL 直接与图形硬件对话，而无需关心底层硬件的类型。此外，利用 HAL 提供的图形硬件加速功能，Direct3D 可以绘制出更高效和高质量的游戏场景。

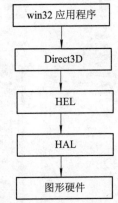

图 3.1 使用 Direct3D 的 Win32 应用程序的实现过程和原理

在 DirectX 和 HAL 之间还存在一个硬件模拟层(Hardware Emulation Layer，HEL)模块。当电脑上的硬件不支持Direct3D的某些高级功能时,HEL 会通过软件运算来模拟硬件运算。

后文将介绍 Direct3D 初始化时如何获取 Direct3D 设备，检测硬件设备是否支持我们提出的一些性能要求，在不能满足要求时，系统将采用软件进行运算模拟支持，达到和硬件支持同样的效果。

3.1.2　Direct3D 开发环境配置

在开始开发 DirectX 程序之前，我们需要配置 DirectX 开发环境。其 SDK(software development kit，软件开发包)可以在微软官网(http://www.microsoft.com/en-us/download/details.aspx?id=6812)上下载，下载后直接安装即可。安装完 DirectX SDK 后，可以用多种方法设置 D3D 的开发环境，本节主要讲述路径设置和环境变量设置两种办法。

1. 基于路径设置的 D3D 环境配置

首先，打开 Visual Studio 2010 创建一个空的 win32 项目。在解决方案栏选中项目名，鼠标右键单击项目名，单击"属性"后弹出项目配置对话框。选中"配置属性"的"VC++目录"，如图 3.2(a)所示。

(a) 项目属性配置界面

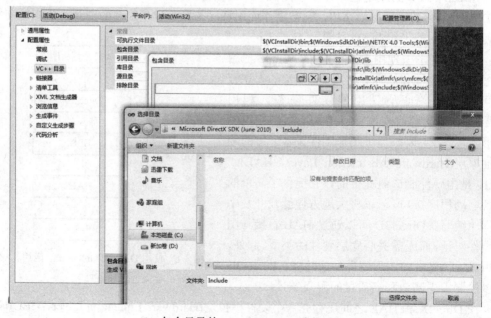

(b) 包含目录的 DirectX include 路径设置

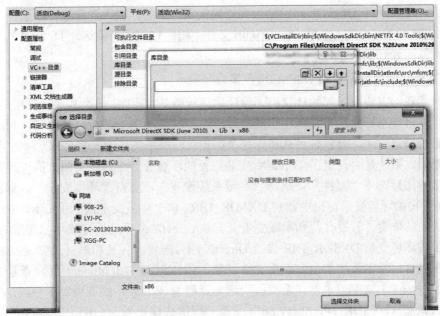

(c) 库目录的 DirectX Lib 路径设置

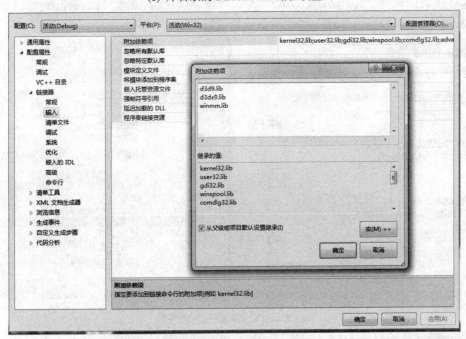

(d) Direct3D Lib 库文件连接设置

图 3.2 Direct3D 开发环境设置

在"包含目录"中添加 DirectX 的安装位置下的 Include 文件夹，如图 3.2(b)所示。若工程所选编译器为 Win32，在"设置库目录"添加 DirectX 安装位置下的 Lib 路径的 x86 文件夹；若工程所选编译器为 x64，则在"设置库目录"添加 DirectX 安装位置下的 Lib 路径的 x64 文件夹，如图 3.2(c)所示。查看工程所用编译器时，可打开项目属性页，在配置管理器中的平台选项中查看。

最后，在设置好 DirectX 路径后，在"链接器"下的"输入"选项中，选择"附加依赖项"，添加 d3d9.lib、d3dx9.lib、winmm.lib 文件，如图 3.2(d)所示，这样 DirectX 的 windows 开发环境就配置好了。

2. 基于环境变量设置的 D3D 环境配置

有时候我们需要在不同的计算机上编译和运行所开发程序，但是其他计算机的 DirectX 安装路径有可能不一致。为实现程序的可移植性，在设置 DirectX 路径时可以利用系统的环境变量的设定方法，对包含目录和库目录添加对应的系统环境变量名称。

需要确定系统是否设定了 DirectX 安装路径的环境变量。选择桌面上的"计算机"，鼠标右键单击后选中"属性"，选择"高级系统设置"，点击"环境变量"，如图 3.3(a)所示。在弹出的环境变量窗口中找到 DXSDK_DIR，这个环境变量指示了 DirectX 在我们的电脑中的安装位置。若没有找到，需要重新安装 DirectX 或手动设定该环境变量的值。

利用该环境变量 DXSDK_DIR 设置 DirectX 项目的包含目录和库目录位置。如图 3.3(b)所示，在包含目录中添加 DirectX 头文件目录"$(DXSDK_DIR)\Include"。查看工程所用编译器的方法在上文中已讲过，若工程所选编译器为 Win32，则在库目录中添加 DirectX 库文件目录"$(DXSDK_DIR)\Lib\x86"；若工程所选编译器为 x64，则在库目录中添加 DirectX 库文件目录"$(DXSDK_DIR)\Lib\x64"。从而在其他计算机编译所开发程序时，不会因为 DirectX 的安装位置不同而需要重新设置 DirectX 路径。

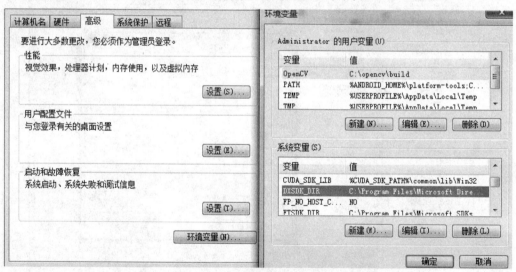

(a) DirectX 安装路径环境变量

可执行文件目录	$(VCInstallDir)bin;$(WindowsSdkDir)bin\NETFX 4.0 Tools;$(
包含目录	$(DXSDK_DIR)Include;$(IncludePath)
引用目录	$(VCInstallDir)atlmfc\lib;$(VCInstallDir)lib
库目录	$(DXSDK_DIR)Lib\x86;$(LibraryPath)
源目录	$(VCInstallDir)atlmfc\src\mfc;$(VCInstallDir)atlmfc\src\mfcm;$(
排除目录	$(VCInstallDir)include;$(VCInstallDir)atlmfc\include;$(Windows$

(b) 利用 DXSDK_DIR 环境变量的包含目录和库目录设置

图 3.3   利用环境变量的 DirectX 开发环境配置

3.1.3　Direct3D *初始化*

总的来说，Direct3D 的初始化可以分为四步，其步骤如图 3.4 所示，包括 IDirect3D9 指 针 获 取 、 设 备 性 能 检 查 、 D3DPRESENT_PARAMETERS 结 构 实 例 初 始 化 、 IDirect3DDevice9 对象创建。

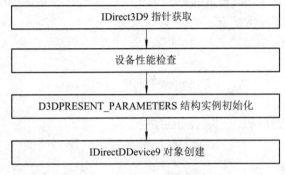

图 3.4　Direct3D 初始化过程

1. IDirect3D9 指针获取

IDirect3D9 接口指针用于设备枚举和创建 IDirect3DDevice9 对象。设备枚举可以获取当前系统中每块可用的物理硬件设备的信息。创建 IDirect3DDevice9 对象是指根据我们需要的功能和获取的设备的性能，创建一种用来显示 3D 图形的物理硬件设备对象。以下代码片段展示了如何创建 IDirect3D9 接口对象的指针：

```
// Step 1: Create the IDirect3D9 object.
IDirect3D9* d3d9 = 0;
d3d9 = Direct3DCreate9(D3D_SDK_VERSION);
```

在 Direct3D 编程中，IDirect3D9 是我们需要创建的第一个对象，也是我们最后释放的对象，需要注意的是 Direct3DCreate()函数的参数是 D3D_SDK_VERSION，它指定了我们创建的 IDirect3D9 指针使用的 SDK 版本。

2. 设备性能检查

检查设备性能是通过 GetDeviceCaps()函数将获取到的硬件设备信息保存到一个 D3DCAPS9 结构中实现的。前面我们提到过在 Direct3D 和 HAL 之间还有一层 HEL，如果我们的显卡不支持硬件顶点运算，那么就需要利用 HEL 的软件运算来模拟硬件顶点运算。软件顶点运算会比硬件顶点运算慢，但是这可以保证我们的程序不会因为不支持某个功能而导致程序中断。为了创建 IDirect3DDevice9，我们必须明确显卡是否支持硬件顶点运算功能，因此在获取设备性能时，我们需要判断主显卡(primary graphics card)是否支持该运算。该检测工作主要通过以下代码实现：

```
// Step 2: Check for hardware with vertex processing
D3DCAPS9 caps;
d3d9->GetDeviceCaps(D3DADAPTER_DEFAULT, deviceType, &caps);
int vp = 0;
```

```
        if( caps.DevCaps & D3DDEVCAPS_HWTRANSFORMANDLIGHT )
            vp = D3DCREATE_HARDWARE_VERTEXPROCESSING;
    else
            vp = D3DCREATE_SOFTWARE_VERTEXPROCESSING;
```

3. D3DPRESENT_PARAMETERS 结构实例初始化

D3DPRESENT_PARAMETERS 结构由诸多属性数据成员组成,通过这些变量来指定即将创建的接口 IDirect3DDevice9 的特性。其原型如下:

```
    typedef struct _D3DPRESENT_PARAMETERS_
    {
        UINT                    BackBufferWidth;
        UINT                    BackBufferHeight;
        D3DFORMAT               BackBufferFormat;
        UINT                    BackBufferCount;

        D3DMULTISAMPLE_TYPE MultiSampleType;
        DWORD                   MultiSampleQuality;

        D3DSWAPEFFECT           SwapEffect;
        HWND                    hDeviceWindow;
        BOOL                    Windowed;
        BOOL                    EnableAutoDepthStencil;
        D3DFORMAT               AutoDepthStencilFormat;
        DWORD                   Flags;

        /* FullScreen_RefreshRateInHz must be zero for Windowed mode */
        UINT                    FullScreen_RefreshRateInHz;
        UINT                    PresentationInterval;
    } D3DPRESENT_PARAMETERS;
```

其各项参数的含义如下:

• BackBufferWidth:后台缓存中表面的宽度,单位为像素。

• BackBufferHeight:后台缓存中表面的高度,单位为像素。

• BackBufferFormat:后台缓存的像素格式,如 D3DFMT_R8G8B8、D3DFMT_A8R8G8B8 等。

• BackBufferCount:后台缓存区的个数。

• MultiSampleType:后台缓存使用的多重采样类型。

• MultiSampleQuality:多重采样的质量水平。

• SwapEffect:指定交换链中的缓存的页面置换方式,其值为 D3DSWAPEFFECT 枚举类型中的一个成员。可指定为 D3DSWAPEFFECT_DISCARD、D3DSWAPEFFECT_FLIP、或 D3DSWAPEFFECT_COPY 常量。

- hDeviceWindow：与设备相关的窗口句柄。指定了所要进行绘制的应用程序窗口。
- Windowed：指定窗口显示模式，true 代表窗口模式，false 代表全屏模式。
- EnableAutoDepthStencil：设为 true 时，Direct3D 自动创建并维护深度缓存或模板缓存。
- AutoDepthStencilFormat：深度缓存或模板缓存的像素格式。在后面的示例中我们设为 D3DFMT_D24S8，即用 24 位表示深度，8 位保留给模板缓存用。
- Flags：一些附加的属性。可以指定为 0(无标记)或 D3DPRESENTFLAG 集合中的一个成员。
- FullScreen_RefreshRateInHz：刷新频率，当设为 D3DPRESENT_RATE_DEFAULT 时表示使用默认的刷新频率。
- PresentationInterval：D3DPRESENT 集合的一个成员。当设置为 D3DPRESENT_INTERVAL_IMMEDIATE 时，表示立即显示更新；当设置为 D3DPRESENT_INTERVAL_DEFAULT 时表示由 Direct3D 来选择提交频率。通常该值等于刷新频率。

下面这段代码演示了一个 **D3DPRESENT_PARAMETERS** 结构体的初始化实例。

```
// Step 3: Fill out the D3DPRESENT_PARAMETERS structure.

D3DPRESENT_PARAMETERS d3dpp;

    d3dpp.BackBufferWidth           = width;
    d3dpp.BackBufferHeight          = height;
    d3dpp.BackBufferFormat          = D3DFMT_A8R8G8B8;
    d3dpp.BackBufferCount           = 1;
    d3dpp.MultiSampleType           = D3DMULTISAMPLE_NONE;
    d3dpp.MultiSampleQuality        = 0;
    d3dpp.SwapEffect                = D3DSWAPEFFECT_DISCARD;
    d3dpp.hDeviceWindow             = hwnd;
    d3dpp.Windowed                  = windowed;
    d3dpp.EnableAutoDepthStencil    = true;
    d3dpp.AutoDepthStencilFormat    = D3DFMT_D24S8;
    d3dpp.Flags                     = 0;
    d3dpp.FullScreen_RefreshRateInHz = D3DPRESENT_RATE_DEFAULT;
    d3dpp.PresentationInterval      = D3DPRESENT_INTERVAL_IMMEDIATE;
```

4. IDirect3DDevice9 对象创建

在创建 IDirect3DDevice9 对象过程中，我们利用第三步设定好的 D3DPRESENT_PARAMETERS 结构体实例，通过 CreateDevice()函数创建 IDirect3DDevice9 接口对象，CreateDevice()函数原型如下：

```
HRESULT CreateDevice(
    UINT                    Adapter,
    D3DDEVTYPE              DeviceType,
    HWND                    hFocusWindow,
```

```
        DWORD                       BehaviorFlags,
        D3DPRESENT_PARAMETERS*      pPresentationParameters,
        IDirect3DDevice9**          ppReturnedDeviceInterface
    );
```

其各项参数的含义如下：

· Adapter：指定创建的 IDirect3DDevice9 对象代表的物理显卡，当设为 D3DADAPTER_DEFAULT 时表示使用主显卡。

· DeviceType：指定需要使用的设备类型，是硬件设备 D3DDEVTYPE_HAL 还是软件设备 D3DDEVTYPE_REF。

· hFocusWindow：与设备相关的窗口句柄，该句柄与 D3DPRESENT_PARAMETERS 结构的数据成员 d3dpp.hDeviceWindow 应为同一句柄。

· BehaviorFlags：该参数可设定为使用支持顶点运算的硬件选项 D3DCREATE_HARDWARE_VERTEXPROCESSING 或软件模拟选项 D3DCREATE_SOFTWARE_VERTEXPROCESSING。

· pPresentationParameters：在第三步中定义了设备的一些特性的 D3DPRESENT_PARAMETERS 的实例。

· ppReturnedDeviceInterface：指向创建完成的 IDirect3DDevice9 类型的对象，是调用该函数获得的 IDirect3DDevice9 接口。

下面一段代码演示了如何创建 IDirectDDevice9 接口：

```
IDirect3DDevice9** device;
hr = d3d9->CreateDevice(
        D3DADAPTER_DEFAULT,         // primary adapter
        deviceType,                 // device type
        hwnd,                       // window associated with device
        vp,                         // vertex processing
        &d3dpp,                     // present parameters
        device);                    // return created device
```

3.1.4 系统响应时间间隔

在第 2 章 Windows 编程基础部分我们介绍过 Windows 的 WM_Timer 消息，它可以通过指定延迟时间在规定的时间内去执行某些操作。但是在真正的游戏编程中我们往往不那么做，而是使用 Windows 多媒体定时器函数 timeGetTime()，该函数定时精度是毫秒(ms)级，返回从 Windows 启动开始经过的毫秒数。该函数封装在 winmm.lib 库文件中，因此，在使用它之前，需要将 winmm.lib 添加到工程中来。下面这段代码演示了利用该函数获取两帧之间的时间间隔，并传递给下文用到游戏流程函数 FrameMove()。

```
MSG msg;
memset(&msg, 0, sizeof(MSG));
static float lastTime = (float)timeGetTime();
```

```
while(msg.message != WM_QUIT)
{
    if(::PeekMessage(&msg, 0, 0, 0, PM_REMOVE))
    {
        ::TranslateMessage(&msg);
        ::DispatchMessage(&msg);
    }
    else
    {
        float currTime   = (float)timeGetTime();
        float timeDelta = (currTime - lastTime)*0.001f;

        _device.FrameMove(timeDelta);
        _device.Render();

        lastTime = currTime;
    }
}
```

上面这段代码的作用是在当前应用程序的消息队列中有消息需要处理时，就将消息翻译分发出去，没有消息要处理时就执行下面的 FrameMove()和 Render()函数。值得注意的是 FrameMove()函数中的参数 timeDelta 代表了两次调用 FrameMove()函数之间的时间间隔，这样，我们在 FrameMove()函数中可以利用 timeDelta 来做任何关于定时的操作了。

3.2　绘 制 流 水 线

在 Direct3D 中，所有的三维场景在显示器上显示为二维的画面都需要经过绘制流水线，以及将三维物体投影到二维屏幕的一系列变换和处理操作，图 3.5 展示了利用虚拟摄像机绘制流水线的工作原理和过程。本节将具体讲述绘制流水线各个过程。

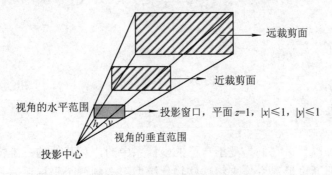

(a) 虚拟摄像机的成像过程原理

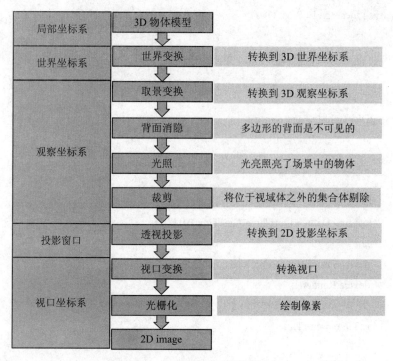

(b) 绘制流水线流程图

图 3.5　绘制流水线基本流程图

3.2.1　局部坐标系

　　局部坐标系又称为建模坐标系，它代表三维物体自身的坐标系，如图 3.6 所示。使用局部坐标系描述物体的好处是我们在建模的过程中可以不用考虑物体在世界坐标系中的位置，而只需要物体各个部分与自身坐标系的位置相对应，这样无疑使建模过程十分清晰简便。

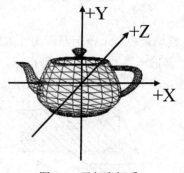

图 3.6　局部坐标系

3.2.2　世界坐标系

　　当模型创建好以后，它们是处于自己的坐标系中的，和其他的三维物体不处于一个坐标系下，我们需要通过世界变换来将这些物体模型组合到一个坐标系——"世界坐标系"下。因此，我们需要对物体做一系列变换操作，比如平移、旋转、和缩放，从而实现物体由局部坐标系到世界坐标系的转换，包括其空间位置、方向以及大小的转换。图 3.7 演示了多种三维物体通过变换，转换到世界坐标系下的显示结果。

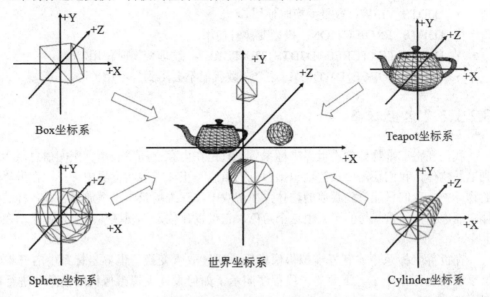

图 3.7　三维物体从局部坐标系到世界坐标系的转换

将位于局部坐标系下的物体变换到世界坐标系下需要用到世界坐标系变换，使用的函数是 IDirect3DDevice9::SetTransform()，其原型如下：

```
HRESULT SetTransform(
    D3DTRANSFORMSTATETYPE    State,
    const D3DMATRIX *            pMatrix
);
```

pMatrix 为变换矩阵，第四章会具体描述其原理和方法。state 为变换类型，其值可以是 D3DTRANSFORMSTATETYPE 枚举体里的任意一个值，或者使用 D3DTS_WORLDMATRIX 宏。D3DTRANSFORMSTATETYPE 的原型如下：

```
typedef enum _D3DTRANSFORMSTATETYPE {
    D3DTS_VIEW             = 2,
    D3DTS_PROJECTION       = 3,
    D3DTS_TEXTURE0         = 16,
    D3DTS_TEXTURE1         = 17,
    D3DTS_TEXTURE2         = 18,
    D3DTS_TEXTURE3         = 19,
    D3DTS_TEXTURE4         = 20,
    D3DTS_TEXTURE5         = 21,
    D3DTS_TEXTURE6         = 22,
    D3DTS_TEXTURE7         = 23,
    D3DTS_FORCE_DWORD      = 0x7fffffff, /* force 32-bit size enum */
} D3DTRANSFORMSTATETYPE;
```

State 变量的取值和含义如下所示，这个枚举体里面的大部分参数我们在之后的章节里还会陆续地用到。

- D3DTS_VIEW：取景变换时使用。
- D3DTS_ PROJECTION：投影变换时使用。
- D3DTS_TEXTURE0~ D3DTS_TEXTURE7：纹理变换时使用。
- D3DTS_FORCE_DWORD：这个参数我们不会用到，不用关心。

3.2.3　观察坐标系

我们在将三维物体放进世界坐标系后，只是在内存空间里表示其空间信息，为能观察到这些物体，我们还需要设置虚拟摄像机的信息。正如在现实世界中一样，在世界上存在的物体中，我们只能看到眼前的物体。在游戏中，三维场景中也摆放了各种各样的三维物体，而虚拟摄像机就扮演了人眼这个角色，它可以让位于其视域体内的物体显示在游戏画面中。

在世界坐标系中安置好虚拟摄像机后，通过取景变换，世界坐标系中的三维物体就位于观察坐标系中了。下面的一段程序演示了如何设置虚拟摄像机的信息和进行取景视图变换。

```
D3DXVECTOR3 position(0.0f, 0.0f, -3.0f);
D3DXVECTOR3 target(0.0f, 0.0f, 0.0f);
D3DXVECTOR3 up(0.0f, 1.0f, 0.0f);
D3DXMATRIX V;
D3DXMatrixLookAtLH(&V, &position, &target, &up);
```

其中 **D3DXMatrixLookAtLH()** 函数用于计算视图变换矩阵，其原型如下：

```
D3DXMATRIX* WINAPI D3DXMatrixLookAtLH(
D3DXMATRIX                  *pOut,
CONST D3DXVECTOR3           *pEye,
CONST D3DXVECTOR3           *pAt,
CONST D3DXVECTOR3           *pUp );
```

以下为 **D3DXMatrixLookAtLH()** 函数的各项参数的说明：

- pOut：一个指定 **D3DXMATRIX** 结构体实例的指针，它保存了由后三个参数计算出来的视图变换矩阵结果。
- pEye：指向 **D3DXVECTOR3** 结构体实例的指针，用于指定虚拟摄像机的位置。
- pAt：指向 **D3DXVECTOR3** 结构体实例的指针，用于指定虚拟摄像机的方向，类似于人的眼睛观察的方向。
- pUp：指向 **D3DXVECTOR3** 结构体实例的指针，指定虚拟摄像机向上的方向。想象一下，人直立行走的时候观察到物体都是直立的，此时的人眼向上的方向可以说是指向天空的方向；当人倒立的时候，观察到的物体是倒立的，此时人的眼睛向上的方向是指向地面的。

在设置好虚拟摄像机的信息后，我们就要开始进行取景变换了，这里我们要把 SetTran

sform()函数的第一个参数设置成 D3DTS_VIEW，第二个参数设置成保存了虚拟摄像机信息的矩阵。

       p_Device->SetTransform(D3DTS_VIEW, &V);

3.2.4　背面消隐

在图形程序设计中，三维物体具有多面性，若物体不是透明的，在正常情况下我们只能看到正对视角的正面内容，而看不到其背面内容。在游戏开发中，为了实现背面不被看到的效果，我们就需要启用背面消隐(Backface Culling)这一功能。

三维物体每个面都有面的法向量，依据左手定则，若多边形的顶点排列顺序是顺时针方向，则该面法向量向上，若为逆时针方向则该面法向量向下。若法向量朝向虚拟摄像机的视图投影面，则认定该面为正面，反之为背面，如图 3.8 所示。

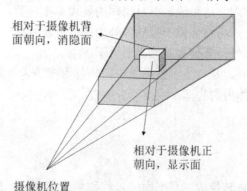

图 3.8　多面体朝向与背面消隐原理

为了满足不同的要求，可以利用 SetRenderState()函数设定消隐模式，其原型如下：

    HRESULT SetRenderState(

        D3DRENDERSTATETYPE State,

        DWORD   Value

    );

各项参数的解释如下：

State：指定渲染类型，在枚举体 D3DRENDERSTATETYPE 中取值，在这一部分我们取值为 D3DRS_CULLMODE。

Value：这个值指定 State 参数对应的模式索引值。在本节中，对应于 D3DRS_CULL MODE 有三个可能的取值，这三个取值来源于 D3DCULL 枚举体(见表 3.1)。

表 3.1　D3DRS_CULLMODE 模式取值和含义

值	含　义
D3DCULL_NONE	不使用背面消隐
D3DCULL_CW	对顶点绕序为顺时针的面进行消隐
D3DCULL_CCW	对顶点绕序为逆时针的面进行消隐

3.2.5　光照

为了模拟真实场景中物体的显示效果，我们需要用到光源效果。光源是在世界坐标系中定义的，但是需要将其转换到观察坐标系中，达到照亮场景中物体的效果。本书第六章材质和光照将详细讲述光照的原理和实现方法。

3.2.6　裁剪

一个场景中的物体可能会有很多，游戏中往往只需要渲染虚拟摄像机视野范围内的物体。如图 3.9，虚拟摄像机使用远裁截面和近裁截面选定视野范围，称为视域体(Frustum)。我们只让位于视域体内的物体显示在场景中，摄像机视野以外的物体会被裁剪掉。场景中的三维物体相对于摄像机有三种位置关系：

- 完全位于视域体内：这种情况下对物体的处理是不裁剪。
- 部分在视域体内：将物体位于视域体外的那部分裁减掉。
- 完全位于视域体外：全部裁减掉，不显示。

利用裁剪有很多好处，那就是不管场景中的物体有多少，计算机进行光照计算和渲染的时候只需要关心视域体内的物体，这样可以节省计算和渲染时间，同时还可以节省 CPU 资源。

3.2.7　投影

将三维场景中的物体转换成二维平面的过程称为投影变换。投影变换的种类有很多，我们在 Direct3D 的绘制流水线中使用的是透视投影变换(Perspective Projection)。透视投影变换可以使视域体内的物体呈现出近大远小的效果，很好地模拟了物体在人眼中呈现的视觉效果。透视投影变换的过程可以分为三步：首先将位于视域体内的物体投影到近裁剪面上，如图 3.9 所示。

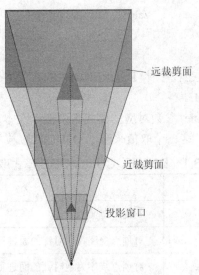

图 3.9　视域体内物体投影在投影窗口上投影变换

投影的一系列的变换是通过一个投影变换矩阵与视域体内的物体的几何信息相乘实现的。Direct3D 提供了 D3DXMatrixPerspectiveFovLH()函数来计算这个投影变换矩阵，其函数原型如下：

D3DXMATRIX* WINAPI D3DXMatrixPerspectiveFovLH(

D3DXMATRIX *	pOut,
FLOAT	fovy,
FLOAT	Aspect,
FLOAT	zn,
FLOAT	zf);

各项参数解释如下所示：

- pOut：计算得到的投影变换矩阵。
- fovy：虚拟摄像机在 Y 轴上的视角大小。
- Aspect：纵横比参数，其值等于视口的宽度除以视口的高度。
- zn：近裁剪面距摄像机的距离。
- zf：远裁剪面距摄像机的距离。

3.2.8　视口变换

视口是窗口中用来显示图形的一块矩形区域。当我们打开一个窗口后，窗口中可能包含很多的视口，比如在游戏中，游戏场景和小地图都可以分别称为一个视口。如图 3.10 所示。

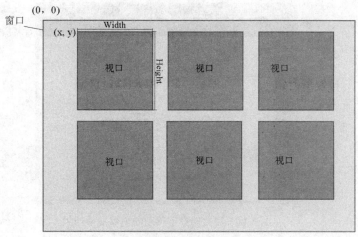

图 3.10　矩形视口

视口变换的作用是将投影变换后的投影结果变换到视口中。这一过程涉及坐标的平移和缩放，也是需要一个矩阵来完成，该矩阵定义如公式(3.1)所示。

$$
\begin{bmatrix}
Width/2 & 0 & 0 & 0 \\
0 & -Height/2 & 0 & 0 \\
0 & 0 & MaxZ-MinZ & 0 \\
X+Width/2 & Y+Height/2 & MinZ & 1
\end{bmatrix}
\tag{3.1}
$$

公式(3.1)中的参数在 Direct3D 中是通过 D3DVIEWPORT9 视口结构体进行赋值的，其原型如下所示：

```
typedef struct _D3DVIEWPORT9 {
    DWORD        X;
    DWORD        Y;                  /* Viewport Top left */
    DWORD        Width;
    DWORD        Height;             /* Viewport Dimensions */
    float        MinZ;               /* Min/max of clip Volume */
    float        MaxZ;
} D3DVIEWPORT9;
```

各项参数的解释如下所示：

- X,Y：定义视口相对于视口的起点坐标。
- Width，Height：视口的宽高。
- MinZ：深度缓存的最小值，一般设为 0。
- MaxZ：深度缓存的最大值，一般设为 1。

填充完这个结构体后我们就可以调用 Direct3D 中的函数 SetViewport() 来进行视口变换了。下面这段程序演示视口定义和变换的方法，通过将视口向右下各移动 50 个像素单元后，可视化结果如图 3.11 所示。

```
D3DVIEWPORT9   _vp = {50, 50, 640, 480, 0, 1};
p_Device->SetViewport(&_vp);
```

图 3.11　视口向右下移动的视口变换结果

3.2.9　光栅化

在投影变换和视口变换后，我们可以将物体在窗口显示出来。物体表面的基本组成单元为三角形，经过以上一系列变换后，三维物体表面便转化为一个二维三角形单元的列表。为物体显示地更为饱满，我们需要光栅化(Rasterization)转换，将三角形内部的像素通过计算显示出来，最终对绘制结果以二维图像的方式显示出来。后文将阐述三角形颜色和纹理填充的若干方法。

3.3 代码封装

在第 2 章的 Windows 编程基础中我们介绍了如何创建一个 Win32 窗体。我们可以在其基础上进行 Direct3D 程序的开发,但是随着后期程序功能的添加会使我们的代码显得臃肿,导致可读性降低。为了方便后面程序的开发和增强代码的易读性,在这一小节中我们将把代码重新封装一下,利用面向对象编程思想,在基本功能函数不变的前提下,为每个应用秩序添加新的功能即可。为此,本书设计了一套基于 D3D 的游戏设计功能模块化分和相互调用关系图,如图 3.12 所示。本节将具体介绍每个模块的功能和实现方法。

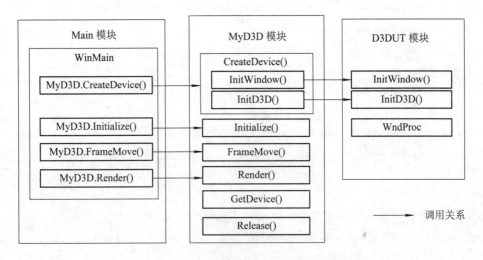

图 3.12　基于 D3D 的游戏设计功能模块图

3.3.1　D3DUT 模块

首先我们新建 D3DUT.h 和 D3DUT.cpp。在头文件 D3DUT.h 中,我们对其进行一些常用的窗口创建、D3D 设备初始化、win32 消息处理函数的声明,在 D3DUT.cpp 文件中对这些函数进行具体定义封装。 D3D 应用开发的第一步就是创建一个窗体并初始化 Direct3D 设备,我们将这两个操作封装在 D3DUT 模块中。

窗口创建和初始化 InitWindow()函数的声明和定义如下所示,全局变量 hwnd 为所要创建的窗体句柄,其实现原理和代码解释请参考 2.2 节。

```
HWND hwnd;
bool InitWindow(
    HINSTANCE hInstance,
    int width, int height,
    bool windowed)
{
    // Create the main application window.
```

```
        WNDCLASS wc;

        wc.style                = CS_HREDRAW | CS_VREDRAW;
        wc.lpfnWndProc          = (WNDPROC)WndProc;
        wc.cbClsExtra           = 0;
        wc.cbWndExtra           = 0;
        wc.hInstance            = hInstance;
        wc.hIcon                = LoadIcon(0, IDI_APPLICATION);
        wc.hCursor              = LoadCursor(0, IDC_ARROW);

        wc.hbrBackground        = (HBRUSH)GetStockObject(WHITE_BRUSH);
        wc.lpszMenuName         = 0;
        wc.lpszClassName        = "Direct3D9App";

        if( !RegisterClass(&wc) )
        {
            MessageBox(0, "RegisterClass() - FAILED", 0, 0);
            return false;
        }

        hwnd = CreateWindow("Direct3D9App", "Direct3D9App",
                WS_OVERLAPPEDWINDOW,
                0, 0, width, height,
                0 /*parent hwnd*/, 0 /* menu */, hInstance, 0 /*extra*/);

        if( !hwnd )
        {
            ::MessageBox(0, "CreateWindow() - FAILED", 0, 0);
            return false;
        }

        ShowWindow(hwnd, SW_SHOW);
        UpdateWindow(hwnd);
        return true;
    }
```

InitD3D()函数的声明和定义如下所示,其实现原理和代码解释请参考 3.1.3 节 Direct3D 初始化。

```
    bool InitD3D(
    HINSTANCE hInstance,
```

```
    int width, int height,
    bool windowed,
    D3DDEVTYPE deviceType,
    IDirect3DDevice9** device)
{
    // Init D3D:
    HRESULT hr = 0;

    // Step 1: Create the IDirect3D9 object.

    IDirect3D9* d3d9 = 0;
        d3d9 = Direct3DCreate9(D3D_SDK_VERSION);

    if( !d3d9 )
    {
        MessageBox(0, "Direct3DCreate9() - FAILED", 0, 0);
        return false;
    }

    // Step 2: Check for hardware with vertex processing.

    D3DCAPS9 caps;
    d3d9->GetDeviceCaps(D3DADAPTER_DEFAULT, deviceType, &caps);

    int vp = 0;
    if(D3DDEVCAPS_HWTRANSFORMANDLIGHT & caps.DevCaps )
            vp = D3DCREATE_HARDWARE_VERTEXPROCESSING;
    else
            vp = D3DCREATE_SOFTWARE_VERTEXPROCESSING;

    // Step 3: Fill out the D3DPRESENT_PARAMETERS structure.

    D3DPRESENT_PARAMETERS d3dpp;
    d3dpp.BackBufferWidth          = width;
    d3dpp.BackBufferHeight         = height;
    d3dpp.BackBufferFormat         = D3DFMT_A8R8G8B8;
    d3dpp.BackBufferCount          = 1;
    d3dpp.MultiSampleType          = D3DMULTISAMPLE_NONE;
    d3dpp.MultiSampleQuality       = 0;
```

```
    d3dpp.SwapEffect                    = D3DSWAPEFFECT_DISCARD;
    d3dpp.hDeviceWindow                 = hwnd;
    d3dpp.Windowed                      = windowed;
    d3dpp.EnableAutoDepthStencil        = true;
    d3dpp.AutoDepthStencilFormat        = D3DFMT_D24S8;
    d3dpp.Flags                         = 0;

    d3dpp.FullScreen_RefreshRateInHz    = D3DPRESENT_RATE_DEFAULT;
    d3dpp.PresentationInterval          = D3DPRESENT_INTERVAL_IMMEDIATE;


    // Step 4: Create the device.

    hr = d3d9->CreateDevice(
        D3DADAPTER_DEFAULT,     // primary adapter
        deviceType,             // device type
        hwnd,                   // window associated with device
        vp,                     // vertex processing
         &d3dpp,                // present parameters
         device);               // return created device

    if( FAILED(hr) )
    {
        // try again using a 16-bit depth buffer
        d3dpp.AutoDepthStencilFormat = D3DFMT_D16;

        hr = d3d9->CreateDevice( D3DADAPTER_DEFAULT, deviceType,
                        hwnd, vp, &d3dpp,       device);

        if( FAILED(hr) )
        {
            d3d9->Release(); // done with d3d9 object
            MessageBox(0, "CreateDevice() - FAILED", 0, 0);
            return false;
        }
    }
    d3d9->Release(); // done with d3d9 object
    return true;
}
```

　　此外，由于在创建窗口过程中，需要指定窗口伴随的消息处理函数，因此，我们建议将窗口消息处理函数 WndProc()声明和定义在 D3DUT 模块中，代码如下所示。 程序开发者可以根据需要更改该函数进行一些窗口事件处理，基本的鼠标和键盘处理函数也在 MyD3D 模块的 FrameMove()函数中进行定义。

```
LRESULT CALLBACK WndProc(
    HWND            hwnd,
    UINT            msg,
    WPARAM          wParam,
    LPARAM          lParam)
{
    switch( msg )
    {
        case WM_DESTROY:
                ::PostQuitMessage(0);
                break;

        case WM_KEYDOWN:
            if( wParam == VK_ESCAPE )
                ::DestroyWindow(hwnd);
                break;
    }
    return ::DefWindowProc(hwnd, msg, wParam, lParam);
}
```

3.3.2　MyD3D 模块

本书将通过类的封装，为每个应用封装单独的类，使所开发的程序容易读懂，常规功能在实现多种应用的过程中也不需要更改，从而实现了代码的复用。此外，在复杂的程序开发合作过程中，可以通过继承等方式，实现程序接口的统一完整性。

1. MyD3D 类

本章介绍如何通过创建一个 MyD3D 类，实现对 D3D 应用的开发。在主函数中再声明一个 MyD3D 的类对象，通过调用该类提供的常用函数实现应用的创建设备、应用初始化、应用过程循环、渲染、内存释放等功能。

下面是 MyD3D 类的头文件的声明：

```
class MyD3D
{
public:
    MyD3D();
    ~MyD3D();
```

```
        bool CreateDevice(HINSTANCE* hInstance, int _width, int _height);
        bool Initialize();
        void FrameMove(float timeDelta);
        bool Render();
        void Release();
        IDirect3DDevice9*    getDevice();


    protected:


    private:
        IDirect3DDevice9*           p_Device;
        D3DXMATRIX                  m_y;
        Float                       f_rot_y;


        // Teapot Mesh: provided by D3D sdk.
        ID3DXMesh*                  Teapot;
        int                         d_width;
        int                         d_height;
    };
```

2. MyD3D 类属性

下面我们来剖析一下该类属性成员的含义。

· p_Device：d3d 指针，用于生成 D3D 设备的载体，并通过其实现内存分配和渲染等功能。

· m_y：用于空间变换的矩阵，当我们在场景中绘制的模型很多时还需要定义其他的矩阵，因为每一个模型都有自己的位置，他们的位置需要由一个位置矩阵进行世界变换得到。

· f_rot_y：在本例中我们绘制了一个每秒都在旋转的茶壶，该值代表了旋转的角度。

· Teapot：储存茶壶的网格数据的 ID3DXMesh 结构。

· d_width、d_height：用于指定创建的窗口的宽高和后台缓冲区的宽高。

3. MyD3D 类成员函数

游戏应用中常用的成员函数包括 D3D 设备创建、游戏初始化、游戏过程、三维渲染、内存释放等。

1）CreateDevice()函数

CreateDevice()函数的功能是调用 D3DUT 中的 InitD3D()函数进行窗体的创建和 D3D 初始化，目的是得到 Direct3D 设备接口，方便在该类中使用。下面是该函数的具体定义：

```
    bool MyD3D::CreateDevice(HINSTANCE hInstance, int _width, int _height)
    {
        d_width = _width;
```

```
d_height = _height;

if(!InitWindow(hInstance, _width, _height,   true))
{
    MessageBox(0, "InitD3D() - FAILED", 0, 0);
    return 0;
}
if(!InitD3D(hInstance, _width, _height,   true, D3DDEVTYPE_HAL,
        &p_Device))
{
    MessageBox(0, "InitD3D() - FAILED", 0, 0);
    return 0;
}
return true;
}
```

2) Initialize()函数

Initialize()函数的功能是进行一些常规的初始化，比如设置摄像机的位置，进行取景变换和投影变换，设置灯光，数据的初始化等。其具体定义如下：

```
bool MyD3D::Initialize()
{
    D3DXCreateTeapot(p_Device, &Teapot, 0);

    // Initialize VirtualCamera.
    D3DXVECTOR3 position(0.0f, 0.0f, -3.0f);
    D3DXVECTOR3 target(0.0f, 0.0f, 0.0f);
    D3DXVECTOR3 up(0.0f, 1.0f, 0.0f);
    D3DXMATRIX V;
    D3DXMatrixLookAtLH(&V, &position, &target, &up);
    p_Device->SetTransform(D3DTS_VIEW, &V);

    // Set projection matrix.
    D3DXMATRIX proj;
    D3DXMatrixPerspectiveFovLH( &proj, D3DX_PI * 0.5f, // 90 - degree
                        (float)d_width / (float)d_height, 1.0f,   1000.0f);
    p_Device->SetTransform(D3DTS_PROJECTION, &proj);

    // Set render state.
```

```
p_Device->SetRenderState(D3DRS_FILLMODE, D3DFILL_WIREFRAME);
return true;
}
```

3) FrameMove()函数

FrameMove()函数的功能是游戏逻辑处理过程，这个过程在实际游戏开发中通常是独立于渲染过程的，以便于增强程序可读性。在本例中茶壶的旋转角度是不断改变的，所以决定茶壶旋转角度的变量 f_rot_y 一直在不停地变化。下面是该函数的具体定义：

```
void MyD3D::FrameMove(float timeDelta)
{
    D3DXMatrixRotationY(&m_y, f_rot_y);

    f_rot_y += timeDelta;
    if(f_rot_y >= 6.28f)
            f_rot_y = 0.0f;
}
```

4) Render()函数

Render()函数的作用是渲染场景，比如模型的绘制，动画的播放等。以下是该函数的具体定义：

```
bool MyD3D::Render()
{
    if( p_Device )
    {
        // Set back buffer - 0xffffffff (white)
        //Set each pixel on the depth buffer to a value of 1.0.
        p_Device->Clear(0, 0, D3DCLEAR_TARGET |
        D3DCLEAR_ZBUFFER, 0xffffffff, 1.0f, 0);

        p_Device->BeginScene();
        // Draw a teapot
        p_Device->SetTransform(D3DTS_WORLD, &m_y);
        Teapot->DrawSubset(0);
        p_Device->EndScene();

        // Swap the back and front buffers.
        p_Device->Present(0, 0, 0, 0);
    }
    return true;
}
```

5) Release()函数

Release()函数的作用是进行程序在结束前执行的处理工作，主要是内存的释放。

```
void MyD3D::Release()
{
    Teapot->Release();
}
```

6) getDevice()函数

getDevice()函数的作用是返回该类创建的 Direct3D 设备接口对象。有的时候我们需要在类外使用 Direct3D 设备接口对象来进行一些操作，因此我们需要使用 MyD3D 类提供的 getDevice 接口来取得我们创建的 Direct3D 设备接口对象。

3.3.3　主文件

因为应用程序的大部分功能都已经在其他的文件中做好，在定义一个 MyD3D 类对象后，调用其功能函数即可实现游戏的逻辑，通常在不同的应用中对主函数代码尽量不做大的更改，以实现代码的统一性。当利用该封装好的程序编写自己的程序时，只需要对 MyD3D 类及其函数进行修改、使用或继承即可。下面是主函数所在文件的代码：

```
#include "MyD3D.h"

// Globals
IDirect3DDevice9* Device = 0;
MyD3D       _device;

// WinMain
int WINAPI WinMain(HINSTANCE hinstance,
                   HINSTANCE prevInstance,
                   PSTR cmdLine,
                   int showCmd)
{
    if(!_device.CreateDevice(hinstance, 640, 480))
    {
        MessageBox(0, "InitD3D() - FAILED", 0, 0);
        return 0;
    }

    if(!_device.Initialize())
    {
        MessageBox(0, "Setup() - FAILED", 0, 0);
        return 0;
```

```
        }

        MSG msg;
        memset(&msg, 0, sizeof(MSG));

        static float lastTime = (float)timeGetTime();

        while(msg.message != WM_QUIT)
        {
            if(PeekMessage(&msg, 0, 0, 0, PM_REMOVE))
            {
                TranslateMessage(&msg);
                DispatchMessage(&msg);
            }
            else
            {
                float currTime    = (float)timeGetTime();
                float timeDelta = (currTime - lastTime)*0.001f;

                _device.FrameMove(timeDelta);
                _device.Render();

                lastTime = currTime;
            }
        }

        _device.Release();

        return 0;
    }
```

本段大部分代码在第 2 章 Windows 编程基础中已介绍过，比如窗口过程函数 WndProc() 和 WinMain() 函数中的消息循环部分。窗口的创建和 Direct3D 的初始化我们都写在了 MyD3D 类的 CreateDevice 中，所以在进入 WinMain() 程序之前我们先声明一个 MyD3D 类对象的全局变量_device，然后在 WinMain() 函数中调用其创建设备函数，便可创建窗口和初始化 D3D 设备，接下来调用 MyD3D 类的 Initialize() 函数初始化数据，代码如下所示：

```
        if(!_device.CreateDevice(hinstance, 640, 480))
        {
            MessageBox(0, "InitD3D() - FAILED", 0, 0);
            return 0;
```

```
    }

    if(!_device.Initialize())
    {
        MessageBox(0, "Setup() - FAILED", 0, 0);
        return 0;
    }
```

然后进行消息循环，这里我们使用的是 PeekMessage()函数，前面我们已经介绍过它比 GetMessage()函数更适合于需要实时渲染的游戏开发。接下来是场景的绘制和数据的实时处理。

第 4 章　基本空间变换

　　三维游戏编程所涉及的基本空间变换，包括平移、旋转、缩放，均是利用矩阵与三维点的奇次坐标相乘实现的。本章主要介绍基本的几何变换原理，以及 D3D 提供的矩阵模型和程序实现方法。

4.1　三　维　向　量

　　三维向量在几何空间内常用于表示三维坐标和方向。本节将具体讲述三维向量的定义和基本运算，以为后文复杂几何关系的证明提供依据。

4.1.1　三维向量的定义

　　在数学中，几何向量(vector)是具有大小(magnitude)和方向(direction)的矢量。在计算机图形学中，三维向量用于表示三维坐标和方向，如光线方向、平面法向量、摄像机位置和方向等。每个三维向量 v 可分解为 x、y、z 轴方向的三个分量 v_x、v_y、v_z。

$$v = (v_x, v_y, v_z) \tag{4.1}$$

　　三维向量所在直角坐标系有左手坐标系和右手坐标之分，如图 4.1 所示。在左手坐标系中，z 轴正方向垂直于 x 轴与 y 轴所形成平面指向屏幕内部；而右手坐标系中，z 轴朝向屏幕外。本书中内容均适用左手坐标系。

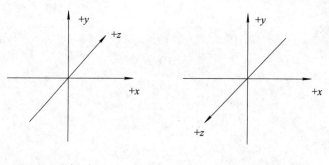

(a) 左手坐标系　　　　　　　　　　　(b) 右手坐标系

图 4.1　三维坐标系

有些特殊的向量会在后文中使用到，本章将对其简要说明。

- 零向量：所有分量均为 0，0 = (0, 0, 0)。
- 单位向量：模等于1的向量，$\| v \| = 1$。
- 三维标准基向量(Standard basis)：在三维空间中相互垂直的三个单位向量，利用标量分量(Scalar)与这三个标准基向量相乘可表达一个三维向量。在表达三维坐标轴时，可将其表达为 $i = (1, 0, 0)$，$j = (0, 1, 0)$，$k = (0, 0, 1)$。

4.1.2 D3DXVECTOR3 类

D3D 提供了 D3DVECTOR 结构体用于表达一个三维向量，定义如下所示：

```
typedef struct _D3DVECTOR {
    float x;
    float y;
    float z;
} D3DVECTOR;
```

此外，D3D 还通过继承 D3DVECTOR 类，提供了 D3DXVECTOR3 类。该类中对向量的 "+"、"–"、"*"、"/"、"=="、"!=" 等运算符进行了重载，增加了基本的向量运算对应的加、减、乘、除、相等和不等判断的函数接口。以下代码是对 D3DXVECTOR3 类的声明，正如前文所说，结构体是一个特殊的类，它的成员均为公有，因此我们可以直接通过该类所有成员函数和属性直接调用。

```
typedef struct D3DXVECTOR3 : public D3DVECTOR
{
public:
    D3DXVECTOR3() {};
    D3DXVECTOR3( CONST FLOAT * );
    D3DXVECTOR3( CONST D3DVECTOR& );
    D3DXVECTOR3( CONST D3DXFLOAT16 * );
    D3DXVECTOR3( FLOAT x, FLOAT y, FLOAT z );

    // casting
    operator FLOAT* ();
    operator CONST FLOAT* () const;

    // assignment operators
    D3DXVECTOR3& operator += ( CONST D3DXVECTOR3& );
    D3DXVECTOR3& operator -= ( CONST D3DXVECTOR3& );
    D3DXVECTOR3& operator *= ( FLOAT );
    D3DXVECTOR3& operator /= ( FLOAT );

    // unary operators
    D3DXVECTOR3 operator + () const;
    D3DXVECTOR3 operator - () const;
```

```
                // binary operators
                D3DXVECTOR3 operator + ( CONST D3DXVECTOR3& ) const;
                D3DXVECTOR3 operator - ( CONST D3DXVECTOR3& ) const;
                D3DXVECTOR3 operator * ( FLOAT ) const;
                D3DXVECTOR3 operator / ( FLOAT ) const;

            friend D3DXVECTOR3 operator * ( FLOAT, CONST struct D3DXVECTOR3& );

                BOOL operator == ( CONST D3DXVECTOR3& ) const;
                BOOL operator != ( CONST D3DXVECTOR3& ) const;

        } D3DXVECTOR3, *LPD3DXVECTOR3;
```

　　在案例程序中，我们可以通过上、下、左、右、S、W 键，对物体分别进行上下移动、左右旋转、大小伸缩，进而更改对应的位置向量、物体正面朝向向量、物体大小伸缩向量，再将更改后的向量作为参数传递给相应的平移、旋转、缩放函数。利用 D3DXVECTOR3 类提供的接口，我们编写了以下代码。

```
void MyD3D::FrameMove(float timeDelta)
{
    if( GetAsyncKeyState(VK_UP) & 0x8000f )
    {
        Teapot.v_Translate += D3DXVECTOR3(0.0f,
                                          1.0f * timeDelta, 0.0f);
        Teapot.SetTranslation(Teapot.v_Translate);
    }
    if( GetAsyncKeyState(VK_DOWN) & 0x8000f )
    {
        Teapot.v_Translate -= D3DXVECTOR3(0.0f,
                                          1.0f * timeDelta, 0.0f);
        Teapot.SetTranslation(Teapot.v_Translate);
    }

    if( GetAsyncKeyState(VK_LEFT) & 0x8000f )
    {
        Teapot.v_Rotate.y -= 1.0f * timeDelta;
        Teapot.SetRotation(Teapot.v_Rotate);
    }
    if( GetAsyncKeyState(VK_RIGHT) & 0x8000f )
    {
        Teapot.v_Rotate.y += 1.0f * timeDelta;
```

```
        Teapot.SetRotation(Teapot.v_Rotate);
    }

    if( GetAsyncKeyState('S') & 0x8000f )
    {
        Teapot.v_Scale *= (1.0f + 1.0f * timeDelta);
        Teapot.SetScale(Teapot.v_Scale);
    }
    if( GetAsyncKeyState('W') & 0x8000f )
    {
        Teapot.v_Scale *= (1.0f - 1.0f * timeDelta);
        Teapot.SetScale(Teapot.v_Scale);
    }
}
```

　　关于向量的基本运算法则读者可以参考解析几何、高等数学等书籍，本文将不作过多的说明。除了三维向量 **D3DXVECTOR3** 类，D3D 还封装了二维向量 **D3DXVECTOR2** 类和四维向量 **D3DXVECTOR4** 类。关于这些类对象的应用案例也会贯穿后面的各个章节，本节也不做过多的演示。后文将重点说明向量的点积、叉积的方法和意义，为后面内容学习的提供理论依据。

4.1.3　点积

　　点积(Dot Product)，也称为点乘，是两个向量的各个分量乘积之和。两个三维向量 u、v 的点积定义为

$$u \cdot v = u_x v_x + u_y v_y + u_z v_z \tag{4.2}$$

　　可以看出内积的结果为一个标量，内积在几何意义上还可以表达为两个向量的模与两个向量夹角 θ 的余弦值的乘积，如公式(4.3)所示。

$$u \cdot v = \| u \| \ \| v \| \cos\theta \tag{4.3}$$

　　当 $u \cdot v = 0$ 时，则 u 垂直于 v；当 $u \cdot v > 0$ 时，则两个向量夹角 $\theta < 90°$；当 $u \cdot v < 0$ 时，则两个向量夹角 $\theta > 90°$。点积常用于判断向量间的垂直问题。

　　D3D 提供了求三维向量的点积函数 **D3DXVec3Dot()**，该函数定义如下所示。可以看出该函数的参数为两个三维向量的指针，因此在调用它的时候，我们应对两个 **D3DXVECT-OR3** 三维向量变量取地址后，传入该函数。

```
        D3DXINLINE FLOAT D3DXVec3Dot
            ( CONST D3DXVECTOR3 *pV1, CONST D3DXVECTOR3 *pV2 )
        {
        #ifdef D3DX_DEBUG
            if(!pV1 || !pV2)
                return 0.0f;
```

```
#endif


        return pV1->x * pV2->x + pV1->y * pV2->y + pV1->z * pV2->z;
}
```

    经验：在 C++ 的程序开发中，对于类对象作为参数传递给某一函数时，会经历四步过程。首先，生成一个临时变量，因此系统会调用变量对应类的构造函数；其次，参数赋值给这个变量；然后，进入函数的处理过程；最后，函数生命周期结束后，调用临时变量对应的析构函数，释放该临时变量。为减少这些系统操作的冗余，我们经常利用类指针作为参数声明函数，这样还可以避免一些因为对临时变量的操作，而真正的参数值不变的错误发生。

4.1.4　叉积

    叉积(Cross Product)，也称为叉乘，两个向量的叉积结果是一个向量，与两个向量相垂直，如图 4.2 所示。叉积的这一几何属性常用于计算平面法向量的问题。

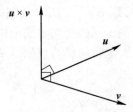

图 4.2　叉积的几何意义

两个三维向量 u、v 的叉积表达为

$$u \times v = \begin{vmatrix} i & j & k \\ u_x & u_y & u_z \\ v_x & v_y & v_z \end{vmatrix} = (u_y v_z - u_z v_y, u_z v_x - u_x v_z, u_x v_y - u_y v_x) \tag{4.4}$$

    此外，对叉积结果取模运算的值为两个向量的模与其夹角 θ 的正弦值的乘积，如公式 (4.5) 所示。

$$|u \times v| = |u||v|\sin\theta \tag{4.5}$$

    D3D 提供了求三维向量叉积的函数 **D3DXVec3Cross()**，该函数定义如下所示，其使用方法和点积函数的方法一致。

```
D3DXINLINE D3DXVECTOR3* D3DXVec3Cross
( D3DXVECTOR3 *pOut, CONST D3DXVECTOR3 *pV1,
    CONST D3DXVECTOR3 *pV2 )
{
    D3DXVECTOR3 v;

#ifdef D3DX_DEBUG
```

```
        if(!pOut || !pV1 || !pV2)
            return NULL;
#endif

        v.x = pV1->y * pV2->z - pV1->z * pV2->y;
        v.y = pV1->z * pV2->x - pV1->x * pV2->z;
        v.z = pV1->x * pV2->y - pV1->y * pV2->x;

        *pOut = v;
        return pOut;
}
```

4.2　矩　阵　变　换

在 3.2 节中，我们探讨了基本的绘制流水线，通过局部坐标系转化为全局坐标系的过程，实现了多种物体在同一坐标系的融合与活动。图形学的三维坐标系变换是通过 4×4 矩阵相乘实现的，本节将讲述其原理和 D3D 应用方法。对于基本的矩阵定义与运算，读者可以参考线性代数一类的书籍，本书不进行过多的叙述。

4.2.1　基于三维坐标的三维空间变化

三维空间的坐标表现和矩阵转换，利用三维向量和 3×3 矩阵即可表现空间的平移、旋转、缩放。如公式(4.6)所示，p 为局部坐标，首先通过与 $\boldsymbol{M}_{\text{scale}}$ 缩放矩阵点积在 x、y、z 轴上分别缩放 s_x、s_y、s_z 倍。再与在 x、y、z 轴的旋转矩阵 $\boldsymbol{X}(\alpha)$、$\boldsymbol{Y}(\beta)$、$\boldsymbol{Z}(\gamma)$ 相乘积，实现坐标的空间旋转。最后与三维平移向量相加，最终实现全局坐标 p' 的转换。

$$p' = p \cdot \boldsymbol{M}_{\text{scale}} \cdot \boldsymbol{M}_{\text{rotate}} + v_{\text{translate}} \tag{4.6}$$

$$\boldsymbol{M}_{\text{scale}} = \begin{vmatrix} s_x & 0 & 0 \\ 0 & s_y & 0 \\ 0 & 0 & s_z \end{vmatrix} \tag{4.7}$$

$$\begin{aligned} \boldsymbol{M}_{\text{rotate}} &= \boldsymbol{X}(\alpha)\boldsymbol{Y}(\beta)\boldsymbol{Z}(\gamma) \\ &= \begin{vmatrix} 1 & 0 & 0 \\ 0 & \cos\alpha & \sin\alpha \\ 0 & -\sin\alpha & \cos\alpha \end{vmatrix} \begin{vmatrix} \cos\beta & 0 & -\sin\beta \\ 0 & 1 & 0 \\ \sin\beta & 0 & \cos\beta \end{vmatrix} \begin{vmatrix} \cos\gamma & \sin\gamma & 0 \\ -\sin\gamma & \cos\gamma & 0 \\ 0 & 0 & 1 \end{vmatrix} \end{aligned} \tag{4.8}$$

可见利用三维坐标的空间变换中，缩放和旋转变换是乘法操作，而平移变换是加法操作。当进行一系列的多次空间变换时，该方法的操作不统一性导致计算的十分复杂。因此，我们引入齐次坐标(Homogeneous Coordinate)的方法表现三维空间的点与向量，并利用其与 4×4 矩阵实现空间转换。

4.2.2　齐次坐标的引入

在图形学中，空间变换通常是利用齐次坐标与矩阵相乘实现的，齐次坐标对于空间的表达和转换也有着充分的理论依据。为方便读者理解，本节详细地说明齐次坐标的引入和表达方法，从二维坐标系到三维坐标系讲解齐次坐标的空间含义。

在欧式二维空间里，一个二维坐标点可以表达为(x, y)，一条线可以表达为$ax + by + c = 0$，也可以表达为公式(4.9)所示的向量点积形式，其中 **T** 代表转置。

$$(x, y, 1)\begin{vmatrix} a \\ b \\ c \end{vmatrix} = (x, y, 1)(a, b, c)^{\mathrm{T}} = (x, y, 1)\boldsymbol{l} = 0 \tag{4.9}$$

由此，我们可以初步了解到齐次坐标的表达和使用意义，就是向二维坐标增加一个额外的坐标，得到齐次坐标$(x, y, 1)$，从而合并了直线表达的乘法和加法，只用乘法即可。根据等式的基本运算法则，在公式(4.9)的等号左右两项乘以一个非 0 常数，公式依然成立，进而得到$(x, y, 1) = (kx, ky, k)$，其中 k 为非 0 值。因此在齐次坐标系中，(kx, ky, k)和$(x, y, 1)$是同一点，也就是对应的二维坐标(x, y)点。若齐次坐标最后一维为 0 时，点$(x, y, 0)$在哪里呢？下面我们要其进行分析和证明。

根据公式(4.9)，我们可以定义一条直线为$(x, y, 1)\boldsymbol{l} = 0$，该直线的定义表达为齐次向量$\boldsymbol{l} = (a, b, c)^{\mathrm{T}}$或$\boldsymbol{l} = (a, b, c)$。两条直线的交点便是两条直线的叉积结果$\boldsymbol{l}_1 \times \boldsymbol{l}_2$。证明如下：

根据叉积性质，向量$\boldsymbol{l}_1 \times \boldsymbol{l}_2$垂直于向量$\boldsymbol{l}_1$和$\boldsymbol{l}_2$。再根据点积性质，两个向量夹角为 90°时，两个向量点积为 0，从而可得$(\boldsymbol{l}_1 \times \boldsymbol{l}_2) \cdot \boldsymbol{l}_1 = 0$和$(\boldsymbol{l}_1 \times \boldsymbol{l}_2) \cdot \boldsymbol{l}_2 = 0$，说明向量$(\boldsymbol{l}_1 \times \boldsymbol{l}_2)$同时满足直线$\boldsymbol{l}_1$和$\boldsymbol{l}_2$的方程，因此我们得出结论齐次坐标$(\boldsymbol{l}_1 \times \boldsymbol{l}_2)$为直线$\boldsymbol{l}_1$和$\boldsymbol{l}_2$的交点。

下面我们利用以上原理，求一个两条直线的交点问题的练习。求两条直线$2x + 3y + 2 = 0$与$x + y + 2 = 0$的交点。我们可以提取出两条直线的齐次表达$\boldsymbol{l}_1 = (2, 3, 2)$和$\boldsymbol{l}_2 = (1, 1, 2)$，根据上文的证明，我们利用叉积的方法求得交点 p 为：

$$p = \boldsymbol{l}_1 \times \boldsymbol{l}_2 = \begin{vmatrix} \boldsymbol{i} & \boldsymbol{j} & \boldsymbol{k} \\ 2 & 3 & 2 \\ 1 & 1 & 2 \end{vmatrix} = (4, -2, -1) = (-4, 2, 1) \leftrightarrow (-4, 2)$$

交点 p 的齐次坐标表达为$(-4, 2, 1)$，对应的非齐次表达为$(-4, 2)$。下面我们讨论两条平行线的交点问题，求直线$\boldsymbol{l}_1 = (a, b, c)$和$\boldsymbol{l}_2 = (a, b, c')$的交点 p'：

$$p' = \boldsymbol{l}_1 \times \boldsymbol{l}_2 = \begin{vmatrix} \boldsymbol{i} & \boldsymbol{j} & \boldsymbol{k} \\ a & b & c \\ a & b & c' \end{vmatrix} = ((c'-c)b, (c-c')a, 0) = (b, -a, 0) \tag{4.10}$$

齐次坐标 $p'(b, -a, 0)$对应于非齐次坐标$(b/0, -a/0)$，可见这个点是无限大(infinite)，在图形学中被称为理想点(IDeal Point)，这也证明了两条平行线是相交于无限远的，而向量$(b, -a)$则为垂直于这两条平行线的方向向量，也就是平行线所指向的方向向量。

从而我们可以根据以上理论证明，我们可以定义齐次坐标$(x, y, 1)$为空间的一点，而理想点$(x, y, 0)$可以理解为一个向量。我们可以将其拓展为三维的空间的表达，三维平面对应的方程为$ax + by + cz + d = 0$，则三维点的齐次表达为$(x, y, z, 1)$，三维向量的齐次表达为$(x, y, z, 0)$。在后文的矩阵变换中，我们将会了解到点是可以进行空间平移的，而向量是不可以的，这都由最后附加的一维分量所决定的。

此外，两个齐次坐标点的叉积为两个点所连接的直线，读者可以根据以上证明方法对其证明。由于满足$(x, y, 0)(0, 0, 1)^T = 0$，一个平面的所有所有理想点$(x, y, 0)$均落在$l_\infty = (0, 0, 1)$直线上。这些常用理论都是图形学的基础，读者如果感兴趣的话，可以参考计算机视觉、图形学等相关书籍。

4.2.3　基于齐次坐标的矩阵变换

上文提到，在三维游戏开发过程中，引入齐次坐标一方面可以区分点和向量的表达，另一方面可以只用矩阵相乘的形式便可以表达空间变换。本节主要讨论常用的矩阵变换方法与 D3D 提供的函数接口。

1. D3D 的矩阵类

在 D3D 中，我们通过四维向量 D3DXVECTOR4 类，可以定义一个齐次坐标。对应于四维向量的空间转换矩阵需要具有 4×4 个参数，D3D 中提供了 D3DXMATRIX 矩阵类，类似于 D3DXVECTOR3 类的定义，D3DXMATRIX 类是通过继承 D3DMATRIX 类而实现的，D3DMATRIX 类中有 4×4 个浮点型成员，其声明如下所示：

```
typedef struct _D3DMATRIX {
    union {
        struct {
            float         _11, _12, _13, _14;
            float         _21, _22, _23, _24;
            float         _31, _32, _33, _34;
            float         _41, _42, _43, _44;
        };
        float m[4][4];
    };
} D3DMATRIX;
```

D3DXMATRIX 类的定义如下所示。通过对各种运算符的重载，D3DXMATRIX 类中定义了矩阵的基本运算。其中，矩阵的相乘是在三维游戏编程中最为重要的方法，后文我们将利用其方法实现三维空间的变换。

```
typedef struct D3DXMATRIX : public D3DMATRIX
{
    public:
        D3DXMATRIX() {};
        D3DXMATRIX( CONST FLOAT * );
```

```
        D3DXMATRIX( CONST D3DMATRIX& );
        D3DXMATRIX( CONST D3DXFLOAT16 * );
        D3DXMATRIX(
FLOAT _11, FLOAT _12, FLOAT _13, FLOAT _14,
        FLOAT _21, FLOAT _22, FLOAT _23, FLOAT _24,
        FLOAT _31, FLOAT _32, FLOAT _33, FLOAT _34,
        FLOAT _41, FLOAT _42, FLOAT _43, FLOAT _44 );

    // access grants
    FLOAT& operator () ( UINT Row, UINT Col );
    FLOAT   operator () ( UINT Row, UINT Col ) const;

    // casting operators
    operator FLOAT* ();
    operator CONST FLOAT* () const;

    // assignment operators
    D3DXMATRIX& operator *= ( CONST D3DXMATRIX& );
    D3DXMATRIX& operator += ( CONST D3DXMATRIX& );
    D3DXMATRIX& operator -= ( CONST D3DXMATRIX& );
    D3DXMATRIX& operator *= ( FLOAT );
    D3DXMATRIX& operator /= ( FLOAT );

    // unary operators
    D3DXMATRIX operator + () const;
    D3DXMATRIX operator - () const;

    // binary operators
    D3DXMATRIX operator * ( CONST D3DXMATRIX& ) const;
    D3DXMATRIX operator + ( CONST D3DXMATRIX& ) const;
    D3DXMATRIX operator - ( CONST D3DXMATRIX& ) const;
    D3DXMATRIX operator * ( FLOAT ) const;
    D3DXMATRIX operator / ( FLOAT ) const;

    friend D3DXMATRIX operator * ( FLOAT, CONST D3DXMATRIX& );

    BOOL operator == ( CONST D3DXMATRIX& ) const;
    BOOL operator != ( CONST D3DXMATRIX& ) const;

} D3DXMATRIX, *LPD3DXMATRIX;
```

2. 平移矩阵

三维点的平移包括沿 x、y、z 轴方向的平移，为此，我们定义了公式(4.10)所示的平移矩阵。为将三维点$(x, y, z, 1)$分别为沿 x、y、z 轴平移 t_x、t_y、t_z，通过三维点$(x, y, z, 1)$与平移矩阵 $\boldsymbol{T}(t_x, t_y, t_z)$的乘法操作，即可实现三维点的空间平移。可见，三维向量$(x, y, z, 0)$与 $\boldsymbol{T}(t_x, t_y, t_z)$ 平移矩阵相乘的结果，向量无变化。

$$\boldsymbol{T}(t_x, t_y, t_z) = \begin{bmatrix} 1 & 0 & 0 & 0 \\ 0 & 1 & 0 & 0 \\ 0 & 0 & 1 & 0 \\ t_x & t_y & t_z & 1 \end{bmatrix} \tag{4.11}$$

D3D 提供了平移矩阵转化函数 D3DXMatrixTranslation()，该函数定义如下所示，其中 pOut 为平移后的结果矩阵指针。

D3DXMATRIX* WINAPI D3DXMatrixTranslation

(D3DXMATRIX *pOut, FLOAT x, FLOAT y, FLOAT z);

举例来说，我们想定义一个矩阵将其沿 x 轴向左移动 5 个单位，y 轴向下移动 3 个单位，z 轴向内移动 4 个单位，则需要书写以下代码：

```
D3DXMATRIX          m_Translate;
D3DXMatrixTranslation(&m_Translate, -5, -3, 4);
```

3. 旋转矩阵

常用的旋转矩阵可以分为绕 x、y、z 轴的单独旋转矩阵、绕 x、y、z 轴的组合旋转矩阵以及绕任意轴的旋转矩阵。

1) 绕 x、y、z 轴的单独旋转矩阵

三维点的旋转包括沿 x、y、z 轴的旋转，为此，我们为其分别定义了公式(4.11)～(4.13)所示的旋转矩阵 $\boldsymbol{R}_x(\alpha)$、$\boldsymbol{R}_y(\beta)$、$\boldsymbol{R}_z(\gamma)$。其中 α、β、γ 分别为沿 x、y、z 轴的旋转分量，也可以称为俯仰量(Pitch)、偏航量(Yaw)、翻滚量(Roll)，通过三维点$(x, y, z, 1)$与这些旋转矩阵的乘法操作，即可实现三维点在各个坐标轴上的旋转。

$$\boldsymbol{R}_x(\alpha) = \begin{bmatrix} 1 & 0 & 0 & 0 \\ 0 & \cos\alpha & \sin\alpha & 0 \\ 0 & -\sin\alpha & \cos\alpha & 0 \\ 0 & 0 & 0 & 1 \end{bmatrix} \tag{4.12}$$

$$\boldsymbol{R}_y(\beta) = \begin{bmatrix} \cos\beta & 0 & -\sin\beta & 0 \\ 0 & 1 & 0 & 0 \\ \sin\beta & 0 & \cos\beta & 0 \\ 0 & 0 & 0 & 1 \end{bmatrix} \tag{4.13}$$

$$\boldsymbol{R}_z(\gamma) = \begin{bmatrix} \cos\gamma & \sin\gamma & 0 & 0 \\ -\sin\gamma & \cos\gamma & 0 & 0 \\ 0 & 0 & 1 & 0 \\ 0 & 0 & 0 & 1 \end{bmatrix} \tag{4.14}$$

D3D 提供了旋转矩阵转化函数 D3DXMatrixRotationX()、D3DXMatrixRotationY()、D3DXMatrixRotationZ()，分别用于实现绕 x、y、z 轴旋转一定角度的矩阵转化。

这些函数的定义如下所示，其中 pOut 为平移后的结果矩阵指针，Angle 为旋转弧度。

```
D3DXMATRIX* WINAPI D3DXMatrixRotationX
    ( D3DXMATRIX *pOut, FLOAT Angle );


D3DXMATRIX* WINAPI D3DXMatrixRotationY
    ( D3DXMATRIX *pOut, FLOAT Angle );


D3DXMATRIX* WINAPI D3DXMatrixRotationZ
    ( D3DXMATRIX *pOut, FLOAT Angle );
```

举例来说，我们想定义一个矩阵 m_Rotate_X，将其绕 x 轴向左旋转 π/4 个单位，则需要书写以下代码：

```
D3DXMATRIX          m_Rotate_X;
D3DXMatrixRotationX(&m_Rotation, D3DX_PI/4);
```

2) 绕 x、y、z 轴的组合旋转矩阵

若实现绕 x、y、z 轴的组合旋转，可以利用下文将要学习的矩阵组合变换的方法，将三轴的旋转矩阵进行乘法操作，可以获得绕三轴旋转后的矩阵转化。D3D 还提供了 D3DXMatrixRotationYawPitchRoll()函数，实现三轴的组合旋转矩阵转化，其中 Yaw 为绕 y 轴的旋转值，Pitch 为绕 x 轴的旋转值，Roll 为绕 y 轴的旋转值。

```
// Yaw around the Y axis, pitch around the X axis, and roll around the Z axis.
D3DXMATRIX* WINAPI D3DXMatrixRotationYawPitchRoll
    ( D3DXMATRIX *pOut, FLOAT Yaw, FLOAT Pitch, FLOAT Roll );
```

4. 缩放矩阵

三维向量的缩放包括沿 x、y、z 轴方向的缩放，为此，我们定义了公式(4.15)所示的缩放矩阵。三维点$(x, y, z, 1)$或向量$(x, y, z, 0)$ 分别为沿 x、y、z 轴放缩 s_x、s_y、s_z，通过与平移矩阵 $S(s_x, s_y, s_z)$的乘法操作，即可实现三维空间的缩放。

$$S(s_x, s_y, s_z) = \begin{bmatrix} s_x & 0 & 0 & 0 \\ 0 & s_y & 0 & 0 \\ 0 & 0 & s_z & 0 \\ 0 & 0 & 0 & 1 \end{bmatrix} \qquad (4.15)$$

D3D 提供了缩放矩阵函数 D3DXMatrixScaling()，该函数定义如下所示，其中 pOut 为平移后的结果矩阵指针。

```
D3DXMATRIX* WINAPI D3DXMatrixScaling
    ( D3DXMATRIX *pOut, FLOAT sx, FLOAT sy, FLOAT sz );
```

举例来说，我们想定义一个沿 x、y、z 轴均放大 5 倍的矩阵，则需要书写以下代码：

```
D3DXMATRIX          m_Scale;
```

D3DXMatrixTranslation(&m_ Scale, 5.0f, 5.0f, 5.0f);

5. 矩阵组合变换

三维空间中复杂的空间变换，可以利用以上平移、旋转、缩放的组合实现。对于齐次坐标的矩阵变换，我们只需依次将这些矩阵与物体当前空间变换矩阵做点积计算，便可计算出最终形态的空间变换矩阵。

例如三维游戏中物体的空间移动，通常是先利用缩放矩阵缩放到适合的大小，再利用旋转矩阵旋转到一定角度，最后利用平移矩阵放置到所在空间位置，其空间变换矩阵可表达为公式(4.16)。在对三维向量或点进行组合变换时，只需将其与最终变换矩阵 M 进行乘积运算即可。

$$M = SR_xR_yR_zT \tag{4.16}$$

在 **D3D** 中，我们可以利用矩阵的 "*" 运算符，实现矩阵的乘积运算，公式(4.16)可以利用以下代码实现：

```
D3DXMATRIX    m_Transform, m_Scale, m_Translate, m_Rotation;

D3DXVECTOR3    v_Scale, v_Translate, v_Rotate;

//需为缩放向量 v_Scale，平移向量 v_Translate、旋转向量 v_Rotate 赋值；


D3DXMatrixScaling(&m_Scale, v_Scale.x, v_Scale.y, v_Scale.z);

D3DXMatrixRotationYawPitchRoll(&m_Rotation,
                    v_Rotate.y, v_Rotate.x, v_Rotate.z);

D3DXMatrixTranslation(&m_Translate,
                    v_Translate.x, v_Translate.y, v_Translate.z);


m_Transform = m_Scale * m_Rotation * m_Translate;
```

6. 绕任意轴的旋转矩阵

三维游戏中，经常会用到绕以任意向量为旋转轴的旋转问题，如虚拟摄像机视觉旋转。绕任意轴旋转矩阵的获取证明方法有很多，本节将阐述其中一种。本方法主要依据将旋转轴向量 $V_{\text{axis}}(u, v, w)$ 通过空间变换，使其与 y 轴重合，三维点 p 通过变换后绕 y 旋转 θ 度，再旋转回旋转轴方向，从而获得绕任意向量的旋转。

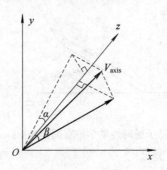

图 4.3　绕任意向量为轴的旋转矩阵推倒过程

其过程可表达为公式(4.17)，首先执行 $\boldsymbol{V}_{axis}$ 在 *XOZ* 平面的投影操作，将 $\boldsymbol{V}_{axis}$ 绕 *x* 轴旋转 α，再执行 *z* 轴投影操作，将 *XOZ* 平面投影结果绕 *y* 轴旋转 β，使其投影至 *z* 轴。经过绕 *z* 旋转 θ 度后，将所得矩阵进行以上两步投影的逆变换操作，得出绕任意向量旋转矩阵 $\boldsymbol{R}(\boldsymbol{V}_{axis})$。

$$\begin{aligned}\boldsymbol{R}(\boldsymbol{V}_{axis}) &= \boldsymbol{R}_x(-\alpha)\boldsymbol{R}_y(\beta)\boldsymbol{R}_z(\theta)\boldsymbol{R}_y(-\beta)\boldsymbol{R}_x(\alpha)\\ &= \begin{bmatrix} u^2(1-\cos\theta)+\cos\theta & uv(1-\cos\theta)+w\sin\theta & uw(1-\cos\theta)-v\sin\theta & 0\\ uv(1-\cos\theta)-w\sin\theta & v^2(1-\cos\theta)+\cos\theta & vw(1-\cos\theta)-u\sin\theta & 0\\ uw(1-\cos\theta)+v\sin\theta & vw(1-\cos\theta)+u\sin\theta & w^2(1-\cos\theta)+\cos\theta & 0\\ 0 & 0 & 0 & 1 \end{bmatrix}\end{aligned} \tag{4.17}$$

D3D 提供了沿任意轴旋转的矩阵转化函数 D3DXMatrixRotationAxis()，该函数的定义如下，其中 pOut 为所获得的旋转矩阵，pV 为旋转轴的三维向量，Angle 为旋转弧度。

```
D3DXMATRIX* WINAPI D3DXMatrixRotationAxis(
    D3DXMATRIX *pOut,
    CONST D3DXVECTOR3 *pV,
    FLOAT Angle );
```

7. 反向运动矩阵变换

物体的运动可以视为局部与全局相结合的空间变换，如人手部的全局空间变换依赖于其局部的空间变换与手臂的空间变换。因此，基于逆向运动学(Inverse kinematics)原理，可以实现三维游戏中局部空间到全局坐标的变换计算。

我们可以将复杂的物体活动划分为多节点的层次结构模型，它定义了父对象和子对象之间的关系，每个子节点的运动受控于其父节点，如图 4.4 所示。若子节点的空间变换矩阵为 $\boldsymbol{M}_{child}$，父节点的变换矩阵为 $\boldsymbol{M}_{parent}$，则子节点在父节点所在空间的旋转矩阵为：

$$\boldsymbol{M}_{global} = \boldsymbol{M}_{child}\boldsymbol{M}_{parent} \tag{4.18}$$

如果一个父节点有多个变换矩阵，我们就将这些矩阵逐级相乘。假设，一个子节点之上有 *n* 个父节点，对应 *n* 个变换矩阵，则该子节点的全局空间变换矩阵为：

$$\boldsymbol{M}_{global} = \boldsymbol{M}_{child}\boldsymbol{M}_{parent(n)}\boldsymbol{M}_{parent(n-1)}\cdots\boldsymbol{M}_{parent(1)} \tag{4.19}$$

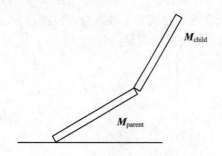

图 4.4　基于逆向运动学的空间变换矩阵计算过程

第 5 章　Direct 3D 的绘制方法

前文主要介绍了三维游戏开发所需的基础知识，包括 Windows 编程、DirectX 工作机制、三维空间变换原理等，后文将介绍三维游戏开发的核心技术。游戏中，人物和地形等元素都是由点、线、面、颜色、贴图等信息组成的，本章将介绍这些信息的创建、结合以及渲染的方法，是本书的重点章节。

5.1　三维图形绘制

图形绘制是游戏开发的必要步骤，也是一切游戏实现的基础之一。三维模型的绘制均以三角形为基本单元，三角形又由点和线组成。本节主要讲解在 Direct3D 环境下绘制图形的两种主要方式，基于顶点缓存的图形绘制和基于索引缓存的图形绘制。

5.1.1　基于顶点缓存的图形绘制

一个几何体由若干三角形组成，一个三角形又由三个顶点组成。本小节主要介绍以三维顶点作为几何体表现方式的图形绘制方法。

1. 顶点结构体定义

最基本的三维顶点有 x、y、z 三个浮点型分量，因此我们定义了 Vertex 结构体，如以下代码所示。此外，为区别于其他顶点格式，我们声明宏变量 FVF_VERTEX，用于指定顶点的格式为 D3DFVF_XYZ，代表只有 x、y、z 坐标的顶点类型。

```
struct Vertex
{
    Vertex(){}
    Vertex( float x, float y, float z)
    {
        _x  = x;  _y = y;  _z  = z;
    }
    float _x, _y, _z;
};
#define FVF_VERTEX (D3DFVF_XYZ)
```

2. 创建顶点缓存

为在内存中加载几何体的顶点信息，我们开辟一个存放顶点数据的连续的内存空间，称为顶点缓存，在 D3D 程序中，用 IDirect3DVertexBuffer9 定义顶点缓存接口。为顶点缓存分配内存的空间函数为 CreateVertexBuffer()，其定义如下所示：

```
HRESULT IDirect3DDevice9::CreateVertexBuffer(
        UINT                    Length,
        DWORD                   Usage,
        DWORD                   FVF,
        D3DPOOL                 Pool,
        IDirectVertexBuffer9**  ppVertexBuffer,
        HANDLE                  pHandle
    );
```

该函数参数含义如下所示：

➢ Length：表示所要创建缓存的容量大小，通常取值为顶点数乘以顶点结构体内存大小。

➢ Usage：指定怎样使用所开辟的顶点缓存区的使用方法，取值为0时，表示没有标记，也可以是一个或多个参数的组合。以下是一些常用的参数。

· D3DUSAGE_DONOTCLIP：顶点缓存不进行裁剪。

· D3DUSAGE_DYNMIC：使用动态缓存，放置在AGP内存。

· D3DUSAGE_POINTS：规定顶点缓存用于绘制点。

· D3DUSAGE_SOFTWAREPROCESSING：选择使用软件还是硬件进行顶点计算。

· D3DUSAGE_WRITEONLY：将顶点缓存设定为只写属性，将其放在最适合只写操作的内存地址中，从而提高系统性能。

➢ FVF自由顶点格式：指定顶点的格式，根据顶点的内存结构，区分三维顶点、颜色顶点、纹理顶点等。

➢ Pool：表示容纳缓存的内存池的种类，由D3DPOOL枚举类型的一个值指定。以下说明了一些比较常用的参数取值和作用。

```
typedef enum _D3DPOOL {
        D3DPOOL_DEFAULT         = 0,
        D3DPOOL_MANAGED         = 1,
        D3DPOOL_SYSTEMMEM       = 2,
        D3DPOOL_SCRATCH         = 3,

        D3DPOOL_FORCE_DWORD     = 0x7fffffff
    } D3DPOOL;
```

· D3D3POOL_DEFAULT：默认值，资源被存储在最适合资源访问的内存中，包括显存、系统内存和AGP内存。通常选择显存，适用于高频更新访问的应用，如火焰、流体等粒子系统。

· D3D3POOL_MANAGED：由D3D管理，资源会在系统内存中备份一份，渲染过程中，会自动拷贝到AGP内存、显存中进行渲染。所以在设备丢失时，无需重建资源。适用于游戏中需要交替渲染的大量内存资源。

• **D3DPOOL_SYSTEMMEM**：资源存储于系统内存中。渲染效率较差，但CPU访问效率很高。适用于游戏中的非渲染数据的管理。

➢ ppVertexBuffer：返回所创建顶点缓冲区的指针。

➢ pSharedHandle：保留参数，值设为NULL。

以下代码，创建了 3 个只有三维坐标信息的顶点,顶点缓冲区属性 **D3DUSAGE_WRITE-ONLY** 表示该所创建的缓冲区的操作模式为"只写"；**D3DFVF_XYZ** 表示顶点格式为 x、y、z 三维坐标；内存池类型 **D3DPOOL_MANAGED** 表示由 Direct3D 管理器依照系统设备的性能，在显存或内存中创建缓存；指针_vb 用于接收创建的顶点。

```
_device->CreateVertexBuffer(
        3 *sizeof(Vertex),
        D3DUSAGE_WRITEONLY,
        D3DFVF_XYZ,
        D3DPOOL_MANAGED,
        &_vb,
        0);
```

3. 访问缓存内容

为了访问缓存中的数据，我们需要使用 Lock()方法获得指向缓存内部存储区的指针。在访问完毕之后，须利用 Unlock()方法对缓存进行解锁。锁定缓存函数如下：

```
HRESULT IDirect3DVertexBuffer9::Lock(
        UINT            OffsetToLock,
        UINT            SizeToLock,
        BYTE**          ppbData,
        DWORD           Flags
    );
```

该函数参数如下所示：

➢ OffsetToLock：表示从缓存起点到开始锁定的位置的偏移量，以字节为单位。

➢ SizeToLock：表示要锁定的字节数，OffsetToLock和SizeToLock两个值都为0的时候表示锁定整段缓存。

➢ ppbData：表示指向被锁定的缓存区域的起点位置的指针。

➢ Flags：表示锁定方式，可以是0，也可以是以下的一个或多个参数组合。以下是一些常用的参数：

• **D3DLOCK_DISCARD**：应用于动态缓存，利用该参数锁定缓存时，将丢弃锁定区域内的所有内存，在修改数据时，能使用原来的数据进行渲染，在解锁后，用新的缓存进行渲染。

• **D3DLOCK_NOOVERWRITE**：应用于动态缓存，利用该参数锁定缓存时，内存不能被更改，只可以在尾部以追加方式写入数据。从而，在渲染过程中数据的追加不会终止渲染过程。

• **D3DLOCK_READONLY**：利用该参数锁定缓存时，内存只可读不可写，可以提高解锁操作的时间效率。

在创建 3 个顶点缓存后，我们利用 Lock()方法，为其写入如图 5.1 所示的三角形的三个顶点，代码如下所示。在 Lock()函数中，将 OffsetToLock 和 SizeToLock 的值都为 0，表示锁定整个缓存区域。顶点缓存指针 v 指向该缓存区域的起点位置，锁定方式值设为 0。然后，利用指针 v 对其进行内存的访问，并修改各个顶点的坐标。在完成顶点赋值操作后，还要利用 Unlock()进行解锁操作，让其他操作也可以访问该缓存区域。

```
Vertex* v;
_vb->Lock(0, 0, (void**)&v, 0);

v[0] = Vertex(-0.5f, -0.5f, 0.0f);
v[1] = Vertex( 0.5f, -0.5f, 0.0f);
v[2] = Vertex( 0.0f, 0.5f, 0.0f);

_vb->Unlock();
```

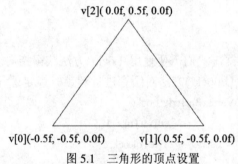

图 5.1　三角形的顶点设置

4. 顶点缓存的图形绘制

在绘制缓存中的顶点之前需要进行若干准备工作，包括设置数据输入源、设置顶点格式以及设置渲染状态。

1) 数据流输入源指定

游戏的若干三维物体都有各自的顶点缓存，因此首先需要选定对哪个缓存进行渲染。D3D 提供了 SetStreamSource()方法，将几何体的顶点缓存绑定到一个设备数据流，实现其与渲染流水线建立关联关系。该函数的定义如下所示：

```
HRESULT IDirect3DDevice9::SetStreamSource(
    UINT                      StreamNumber,
    IDirect3DVertexBuffer9*   pStreamData,
    UINT                      OffsetInBytes,
    UINT                      Stride
);
```

该函数的参数说明如下所示：

- StreamNumber：与缓存建立连接的数据流数目，常设置为0。
- pStreamData：指定需要渲染的顶点缓存指针。

- OffsetInBytes：数据流中的偏移量，以字节为单位，常设置为0。
- Stride：顶点缓存中顶点结构体的大小，以字节为单位。

我们可以利用以下语句设置上文生成的顶点缓存指针_vb 作为渲染数据流输入源，顶点元素的大小可表达为 sizeof(Vertex)。

　　　　_device->SetStreamSource(0, _vb, 0, sizeof(Vertex));

2) 顶点格式设置

后文会学习到 D3D 支持多种顶点格式，如有颜色信息的顶点、有纹理信息的顶点、有法向量的顶点等。在渲染之前，通过 SetFVF()函数制定顶点的格式，其声明如下所示：

　　　　HRESULT SetFVF(DWORD FVF);

其参数 FVF 为自由顶点格式，我们将在 5.2 节详细说明。在顶点的绘制方法中，我们只需选用支持三维坐标的顶点格式，因此设置顶点格式为：

　　　　#define FVF_VERTEX (D3DFVF_XYZ)

　　　　_device->SetFVF(FVF_VERTEX);

3) 顶点缓存绘制

在完成上述绘制准备设置后，我们可以利用 DrawPrimitive()函数绘制以顶点为单元的多种图元，包括点、线、面等。该函数的定义为：

```
HRESULT IDirect3DDevice9::DrawPrimitive(
        D3DPRIMITIVETYPE          PrimitiveType,
        UINT                      StartVertex,
        UINT                      PrimitiveCount
);
```

该函数参数含义如下所示：

- PrimitiveType：绘制图元的种类，是D3DPRIMITIVETYPE枚举类型中的一个值。常用的取值有三种D3DPT_POINTLIST、D3DPT_LINELIST、D3DPT_TRIANGLELIST，分别表示绘制点、线、三角形列表。

```
// Primitives supported by draw-primitive API
typedef enum _D3DPRIMITIVETYPE {
    D3DPT_POINTLIST           = 1,
    D3DPT_LINELIST            = 2,
    D3DPT_LINESTRIP           = 3,
    D3DPT_TRIANGLELIST        = 4,
    D3DPT_TRIANGLESTRIP       = 5,
    D3DPT_TRIANGLEFAN         = 6,
    D3DPT_FORCE_DWORD         = 0x7fffffff, /* force 32-bit size enum */
} D3DPRIMITIVETYPE;
```

- StartVertex：指定顶点缓存中读取顶点的起始位置。
- PrimitiveCount：要绘制图元的数量。

在设定好 3 个顶点缓存后，我们利用如下代码绘制这些顶点所决定的三角形图元。DrawPrimitive()函数的 PrimitiveType 属性设置为 D3DPT_TRIANGLELIST，代表绘制单元为三角形，从第 0 个顶点开始绘制，一共绘制 1 个三角形。

```
_device->DrawPrimitive( D3DPT_TRIANGLELIST, 0, 1);
```

5. 顶点绘制的案例分析

本小节将介绍一个简单的顶点绘制应用程序，该程序设置了一个三角形和一个正方形，并分别按照各自的 *y* 轴旋转后，将其平移到屏幕左侧和右侧，如图 5.2 所示。为说明面向对象的编程思想，本节将说明如何利用 3.3 节的 D3D 游戏设计功能模块化分和相互调用关系图，完成本案例的代码实现。

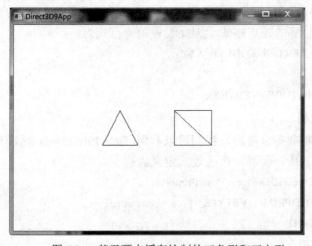

图 5.2　基于顶点缓存绘制的三角形和正方形

1) 程序模块关系设计

根据面向对象思想，图 3.12 中的 Main 模块和 D3DUT 模块不进行改动，需要改动MyD3D 模块的程序，以及添加 3D 物体基类模块和基于顶点绘制的物体模块，如图 5.3所示。

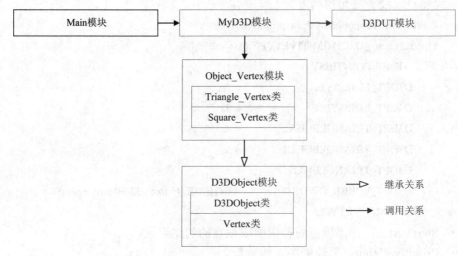

图 5.3　顶点绘制的功能模块图

在 3D 物体基类模块定义了物体常用的空间变换动作函数。基于顶点绘制的物体模块派生于 3D 物体基类模块，在本程序实例中封装了基于顶点绘制的三角形和正方形类。后文将详细介绍每个模块的功能和实现方法。

2) 3D 物体基类模块：D3DObject

在 D3DObject 模块中，我们封装了 D3DObject 三维物体基类。除构造和析构函数之外，该类中定义了常用的空间变换函数 SetScale()、SetTranslation()、SetRotation()，以及声明了纯虚函数 CreateBuffer() 和 Render() 分别用于派生类的物体内存创建和绘制方法。其属性成员有缩放、平移、旋转向量 v_Scale、v_Translate、v_Rotate，以及缩放、平移、旋转、最终变换矩阵 m_Transform、m_Scale、m_Translate、m_Rotation。

```cpp
class D3DObject
{
    public:
        D3DObject();
        ~D3DObject();


        virtual bool        CreateBuffer(IDirect3DDevice9* _device) = 0;
        virtual void        Render(IDirect3DDevice9* _device)= 0;
        void                SetScale(D3DXVECTOR3 _scale);
        void                SetTranslation(D3DXVECTOR3 _translate);
        void                SetRotation(D3DXVECTOR3 _rotate);
        void                SetHierarchy(D3DXVECTOR3* _scale,
                                D3DXVECTOR3* _translate,
                                D3DXVECTOR3* _rotate,
                                D3DXMATRIX* parent_transform);


        D3DXVECTOR3         v_Scale;
        D3DXVECTOR3         v_Translate;
        D3DXVECTOR3         v_Rotate;


    protected:
        D3DXMATRIX          m_Transform;
        D3DXMATRIX          m_Scale;
        D3DXMATRIX          m_Translate;
        D3DXMATRIX          m_Rotation;


    private:


};
```

　　该类的构造函数定义为：首先对 v_Scale、v_Translate、v_Rotate 赋初值，再利用 D3DXMatrixScaling()、D3DXMatrixTranslation()、D3DXMatrixRotationYawPitchRoll()函数将其转化为 4×4 矩阵。由于三维物体空间变换通常是先缩放，再旋转，最后平移，因此，通过 m_Scale * m_Rotation * m_Translate 矩阵相乘实现最终的空间变化矩阵的转化。

```
D3DObject::D3DObject()
{
    v_Scale = D3DXVECTOR3(1.0f, 1.0f, 1.0f);
    v_Translate = D3DXVECTOR3(0.0f, 0.0f, 0.0f);
    v_Rotate = D3DXVECTOR3(0.0f, 0.0f, 0.0f);

    D3DXMatrixScaling(&m_Scale, v_Scale.x, v_Scale.y, v_Scale.z);
    D3DXMatrixTranslation(&m_Translate,
                    v_Translate.x, v_Translate.y, v_Translate.z);
    D3DXMatrixRotationYawPitchRoll(&m_Rotation,
                    v_Rotate.y, v_Rotate.x, v_Rotate.z);

    m_Transform = m_Scale * m_Rotation * m_Translate;
}
```

该类的 SetScale()为物体的放缩函数，缩放值为三维向量_scale。

```
void D3DObject::SetScale(D3DXVECTOR3 _scale)
{
    v_Scale = _scale;

    D3DXMatrixScaling(&m_Scale, v_Scale.x, v_Scale.y, v_Scale.z);
    m_Transform = m_Scale * m_Rotation * m_Translate;
}
```

该类的 SetTranslation()为物体的平移函数，平移量为三维向量_translate。

```
void D3DObject::SetTranslation(D3DXVECTOR3 _translate)
{
    v_Translate = _translate;

    D3DXMatrixTranslation(&m_Translate,
                    v_Translate.x, v_Translate.y, v_Translate.z);
    m_Transform = m_Scale * m_Rotation * m_Translate;
}
```

该类的 SetRotation()为物体的旋转函数，旋转量为三维向量_rotate。

```
void D3DObject::SetRotation(D3DXVECTOR3 _rotate)
{
    v_Rotate = _rotate;
```

```
                D3DXMatrixRotationYawPitchRoll(&m_Rotation,
                                    v_Rotate.y, v_Rotate.x, v_Rotate.z);
                m_Transform = m_Scale * m_Rotation * m_Translate;
        }
```

该类的 SetHierarchy ()为物体根据局部节点缩放、平移、旋转向量，以及父节点空间变换矩阵，获得全局空间变换的函数。

```
        void D3DObject::SetHierarchy(D3DXVECTOR3* _scale,
                            D3DXVECTOR3* _translate, D3DXVECTOR3* _rotate,
                            D3DXMATRIX* parent_transform)
        {
            if (_scale)
                SetScale(*_scale);
            if (_translate)
                SetTranslation(*_translate);
            if (_rotate)
                SetRotation(*_rotate);
            if (parent_transform)
                m_Transform = m_Transform * (*parent_transform);
        }
```

3) 基于顶点绘制的物体模块：Object_Vertex

在 Object_Vertex 模块中，由 Object_Vertex 类派生出基于顶点绘制的三角形类 Triangle_Vertex 和正方形类 Square_Vertex，它们的定义如下所示。除构造函数和析构函数，两个类需要封装基类的纯虚函数 CreateBuffer()和 Render()，分别用于创建图形的顶点缓存和渲染图形。

```
        class Triangle_Vertex : public D3DObject
        {
            public:
                Triangle_Vertex();
                ~Triangle_Vertex();

                Bool    CreateBuffer(IDirect3DDevice9* _device);
                Void    Render(IDirect3DDevice9* _device);

            protected:

            private:
                IDirect3DVertexBuffer9*          _vb; //顶点缓存
        };
```

```
class Square_Vertex: public D3DObject
{
    public:
        Square_Vertex();
        ~Square_Vertex();

        Bool    CreateBuffer(IDirect3DDevice9* _device);
        void    Render(IDirect3DDevice9* _device);

    protected:

    private:
        IDirect3DVertexBuffer9* _vb;        //顶点缓存
};
```

Triangle_Vertex 类的顶点缓存创建方法 CreateBuffer()如下所示，首先利用 CreateVertex_Buffer()函数为顶点缓存_vb 生成 3 个顶点，并为其赋值。

```
bool Triangle_Vertex::CreateBuffer(IDirect3DDevice9* _device)
{
    HRESULT hr = 0;
    //创建顶点缓存
    hr = _device->CreateVertexBuffer(
            3 *sizeof(Vertex),
            D3DUSAGE_WRITEONLY,
            FVF_VERTEX,
            D3DPOOL_MANAGED,
            &_vb,
            0);

    if (FAILED(hr))
    {
        MessageBox(0, "CreateVertexBuffer() - FAILED", 0, 0);
        return false;
    }
    //访问顶点缓存
    Vertex* v;
    _vb->Lock(0, 0, (void**)&v, 0);

    v[0] = Vertex(-0.5f, -0.5f, 0.0f);
    v[1] = Vertex( 0.5f, -0.5f, 0.0f);
```

```
    v[2] = Vertex( 0.0f, 0.5f, 0.0f);

    _vb->Unlock();

    return true;
}
```

Triangle_Vertex 类的渲染方法 Render()如下所示。首先利用 SetStreamSource()和 SetFVF()函数设置数据流输入源和顶点格式。再通过 SetRenderState()函数将填充模式 D3DRS_FILLMODE 设置为边线类型 D3DFILL_WIREFRAME，将背面消隐 D3DRS_ CULLMODE 模式设置为不作消隐类型 D3DCULL_NONE。在利用 SetTransform()函数实现物体的空间变换后，通过 DrawPrimitive()方法绘制由 1 个由顶点缓存中的 3 个顶点所决定的三角形。

```
void Triangle_Vertex::Render(IDirect3DDevice9* _device)
{
    _device->SetStreamSource(0, _vb, 0, sizeof(Vertex));
    _device->SetFVF(FVF_VERTEX);
    _device->SetRenderState(D3DRS_FILLMODE,
                            D3DFILL_WIREFRAME);
    _device->SetRenderState(D3DRS_CULLMODE,D3DCULL_NONE);

    _device->SetTransform( D3DTS_WORLD, &m_Transform);
    _device->DrawPrimitive( D3DPT_TRIANGLELIST, 0, 1);
}
```

Square_Vertex 类的顶点缓存创建方法 CreateBuffer()如下所示，首先利用 CreateVertexBuffer()函数为顶点缓存_vb 生成 6 个顶点，并为其赋值。

```
bool Square_Vertex::CreateBuffer(IDirect3DDevice9* _device)
{
    HRESULT hr = 0;
    //创建顶点缓存
    hr = _device->CreateVertexBuffer(
                        6 *sizeof(Vertex),
                        D3DUSAGE_WRITEONLY,
                        FVF_VERTEX,
                        D3DPOOL_MANAGED,
                        &_vb,
                        0);

    if (FAILED(hr))
    {
```

```
            MessageBox(0, "CreateVertexBuffer() - FAILED", 0, 0);
            return false;
        }
        //访问顶点缓存区域
        Vertex* v;
        _vb->Lock(0, 0, (void**)&v, 0);

        //1st triangle
        v[0] = Vertex(-0.5f, -0.5f, 0);
        v[1] = Vertex(0.5f,   -0.5f, 0);
        v[2] = Vertex(-0.5f, 0.5f,   0);

        //2nd triangle
        v[3] = Vertex(-0.5f, 0.5f, 0);
        v[4] = Vertex(0.5f,   0.5f, 0);
        v[5] = Vertex(0.5f, -0.5f, 0);

        _vb->Unlock();

        return true;
    }
```

Square_Vertex 类的渲染方法 Render()如下所示，利用 DrawPrimitive()方法绘制由顶点缓存中 6 个顶点所决定的 2 个三角形。

```
    void Square_Vertex::Render(IDirect3DDevice9* _device)
    {
        _device->SetStreamSource(0, _vb, 0, sizeof(Vertex));
        _device->SetFVF(FVF_VERTEX);
        _device->SetRenderState(D3DRS_FILLMODE,
                        D3DFILL_WIREFRAME);
        _device->SetRenderState(D3DRS_CULLMODE,D3DCULL_NONE);
        _device->SetTransform( D3DTS_WORLD, &m_Transform);
        _device->DrawPrimitive( D3DPT_TRIANGLELIST, 0, 2);
    }
```

4) MyD3D 模块

在 MyD3D 模块中，我们声明 Triangle_Vertex 和 Square_Vertex 的类对象 d3d_triangle 和 d3d_square，在 Initialize()函数中为其生成顶点缓存，在 FrameMove()函数中实现对其空间变换的控制，在 Render()函数中对其渲染。

```
    class MyD3D
    {
```

```
public:
    MyD3D();
    ~MyD3D();

    bool CreateDevice(HINSTANCE hInstance, int _width, int _height);
    virtual bool Initialize();
    virtual void FrameMove(float timeDelta);
    virtual bool Render();
    void Release();

    IDirect3DDevice9*    getDevice();

protected:

private:
    HWND                         hwnd;        //window handle
    IDirect3DDevice9* p_Device;
    int                          d_width;
    int                          d_height;

    Triangle_Vertex              d3d_triangle;
    Square_Vertex                d3d_square;
};
```

Initialize()函数的定义如下所示，其中摄像机设置和投影矩阵设置和上文一致。我们通过调用三角形和正方形类对象的 CreateBuffer()和 SetTranslation()函数，实现本应用的顶点缓存创建和空间位置的变换。

```
bool MyD3D::Initialize()
{
    // Initialize VirtualCamera.
    D3DXVECTOR3 position(0.0f, 0.0f, -3.0f);
    D3DXVECTOR3 target(0.0f, 0.0f, 0.0f);
    D3DXVECTOR3 up(0.0f, 1.0f, 0.0f);
    D3DXMATRIX V;
    D3DXMatrixLookAtLH(&V, &position, &target, &up);
    p_Device->SetTransform(D3DTS_VIEW, &V);

    // Set projection matrix.
    D3DXMATRIX proj;
    D3DXMatrixPerspectiveFovLH(
```

```
                    &proj,
                    D3DX_PI * 0.5f, // 90 - degree
                    (float)d_width / (float)d_height,
                    1.0f,
                    1000.0f);
        p_Device->SetTransform(D3DTS_PROJECTION, &proj);

        //create objects
        d3d_triangle.CreateBuffer(p_Device);
        d3d_triangle.SetTranslation(D3DXVECTOR3(-1.0f, 0.0f,0));

        d3d_square.CreateBuffer(p_Device);
        d3d_square.SetTranslation(D3DXVECTOR3(1.0f, 0.0f,0));

        return true;
    }
```

FrameMove()函数的定义如下所示。通过修改三角形和正方形的旋转向量 v_Rotate 的 y 值，再通过 SetRotation()函数，实现绕 y 轴的旋转。旋转速度为每秒 1.0 弧度每秒，再与两帧的时间间隔，实现在不同系统处理速度的情况下运动状态的一致性。

```
    void MyD3D::FrameMove(float timeDelta)
    {
        d3d_triangle.v_Rotate.y += 1.0f * timeDelta;
        d3d_square.v_Rotate.y += 1.0f * timeDelta;
        d3d_triangle.SetRotation(d3d_triangle.v_Rotate);
        d3d_square.SetRotation(d3d_square.v_Rotate);
    }
```

Render()函数的定义如下所示。通过调用三角形和正方形类对象的函数 Render()，实现物体的渲染。

```
    bool MyD3D::Render()
    {
        if( p_Device )
        {
            // Set back buffer - 0xffffffff (white)
            //Set each pixel on the depth buffer to a value of 1.0.
            p_Device->Clear(0, 0, D3DCLEAR_TARGET |
                        D3DCLEAR_ZBUFFER, 0xffffffff, 1.0f, 0);

            p_Device->BeginScene();
            //drawing
```

```
        d3d_triangle.Render(p_Device);
        d3d_square.Render(p_Device);
        p_Device->EndScene();

        // Swap the back and front buffers.
        p_Device->Present(0, 0, 0, 0);
    }
    return true;
}
```

5.1.2　基于顶点索引缓存的图形绘制

在画四边形时，我们发现两个三角形的 6 个顶点具有覆盖性，当图形的重复顶点过多时，会造成系统资源的浪费。为解决这一问题，图形学提出基于顶点及其索引的几何体创建和绘制方法。

1. 顶点索引的绘制原理

当两个或以上的三角形具有共同顶点时，我们创建必要数量的顶点数，再根据每个顶点所在三角形的绘制顺序，创建对应的索引。在绘制图形时，按照顶点的索引顺序，三个索引为一组，利用索引对应的顶点绘制一个三角形。

如图 5.4 所示，一个四边形需要设置 4 个顶点 v[0] ～v[3]，左下角的三角形绘制顶点的顺序为 v[0]、v[2]、v[1]，因此对应的索引为 i[0] = 0、i[1] = 2、i[2] = 1。右上角的三角形的顶点索引则为 i[3] = 2、i[4] = 3、i[5] = 1。

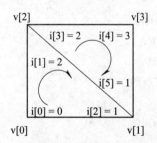

图 5.4　基于顶点索引的绘制方法

顶点索引的起点可以更改，不会引起绘制图形的差别。按照左手或右手定则，顶点索引的顺序决定了平面的朝向，因此顺序改变后，会引起在设置背面消隐渲染状态时，朝屏幕向内的三角形不可见。顶点缓存的创建和访问方法和 5.1.1 节的一样，本节主要说明顶点索引缓存的创建和访问方法。

2. 顶点索引缓存的创建

索引缓存区是一块用来保存索引信息的连续内存区域，在 Direct3D 中用 IDirect3DindexBuffer9 接口来表示，并利用 CreateIndexBuffer()函数创建索引缓存，该函数定义如下所示。创建三角形绘制的顶点索引，索引类型为 16 或 32 位的整数，与由 3 个浮点型组成的三维顶点相比其占用内存较少。

```
HRESULT IDirect3DDevice9::CreateIndexBuffer(
    UINT                    Length,
    DWORD                   Usage,
    D3DFORMAT               Format,
    D3DPOOL                 Pool,
    IDirect3DIndexBuffer9**        ppIndexBuffer,
    HANDLE*                 pSharedHandle
);
```

该函数的参数说明如下所示：

· Length：创建的缓存内存大小，通常取值为索引个数乘以索引的单位大小。

· Usage：指定所开辟的索引缓存区的使用方法，和 5.1.1 节创建顶点缓冲区 Create-VertexBuffer()的 Usage 使用方法一致。

· Format：索引缓存的格式，可以选择 16 位整型或者 D3DFMT_INDEX16 或者 32 位整型 D3DFMT_INDEX32。

· Pool：容纳缓存的内存池，和 5.1.1 节创建顶点缓存区 CreateVertexBuffer()的 Pool 使用方法一致。

· ppIndexBuffer：接收所创建的顶点的指针。

· pSharedHandle：保留参数，值设为 NULL。

以下代码创建了图 5.4 中包含的 2 个三角形对应的索引，每个三角形有 3 个索引值，索引大小为 sizeof(WORD)，因此开辟索引内存大小为 2 * 3 * sizeof(WORD)，索引缓存的操作模式为"只写"，索引类型为 16 位整型，内存池操作类型为 D3DPOOL_MANAGED，指针_ib 用于接收创建的索引。

```
IDirect3DIndexBuffer9*    _ib;
hr = _device->CreateIndexBuffer(
        2 * 3 * sizeof(WORD),
        D3DUSAGE_WRITEONLY,
        D3DFMT_INDEX16,
        D3DPOOL_MANAGED,
        &_ib,
        0);
```

3. 访问索引缓存内容

为了访问索引缓存中的数据，我们利用 5.1.1 节中的 Lock()方法获得指向缓存内部存储区的指针。在创建索引缓存后，我们将图 5.4 中的索引值写入其缓存，相关代码如下所示：

```
WORD* i = 0;
    _ib->Lock(0, 0, (void**)&i, 0);

    i[0] = 0;   i[1] = 2;   i[2] = 1;
    i[3] = 2;   i[4] = 3;   i[5] = 1;

    _ib->Unlock();
```

4. 基于顶点索引的图形绘制

顶点索引缓存的绘制过程中，首先要设置顶点数据输入源、设置顶点格式、以及设置渲染状态，这些过程和基于顶点缓存的绘制方法一样。此外，在绘制前还需设置索引缓存输入源。

1) 指定索引输入源

D3D 提供了 Setindices()函数指定索引缓存输入源，其声明如下所示。在该函数中，pIndexData 参数为索引缓存数据的指针。

```
HRESULT SetIndices(
        IDirect3DIndexBuffer9 *    pIndexData
);
```

利用该函数，我们指定上文中生成的索引缓存指针_ib 为绘制的索引输入源，相关代码如下所示：

```
_device->SetIndices(_ib);
```

2) 顶点索引缓存绘制

在顶点和索引缓存数据源设置完成后，我们可以利用 DrawIndexedPrimitive()函数绘制以顶点索引为单元的多种图元，该函数的定义为：

```
HRESULT IDirect3DDevice9::DrawIndexedPrimitive(
        D3DPRIMITIVETYPE            Type,
        INT                        BaseVertexIndex,
        UINT                       MinVertexIndex,
        UINT                       NumVertices,
        UINT                       StartIndex,
        UINT                       PrimitiveCount
);
```

该函数参数含义如下所示：

• Type：绘制图元的种类，是 **D3DPRIMITIVETYPE** 枚举类型中的一个值，和 5.1.1 节的图元类型使用方法一样。

• BaseVertexIndex：从顶点缓存中读取第一个顶点的偏移量。

• MinVertexIndex：本次绘制时从 BaseVertexIndex 开始算，绘制的最小顶点索引。

• NumVertices：本次绘制时所使用的顶点数量。

• StartIndex：索引缓存中的起始索引。

• PrimitiveCount：要绘制的图元数量。

我们利用如下代码绘制图 5.4 的 6 个索引，从第 0 个顶点和第 0 个索引开始，所需 4 个顶点，绘制四边形所属的 2 个三角形。

```
_device->DrawIndexedPrimitive( D3DPT_TRIANGLELIST, 0, 0, 4, 0, 2);
```

5. 顶点索引绘制的案例分析

本节将设置一个基于顶点索引绘制的正方形和网格平面，并将其平移到屏幕左侧和右侧，如图 5.5 所示。本应用所涉及的正方形类和网格平面类依然派生于 **D3DObject** 类，并在 MyD3D 类中使用其类对象。

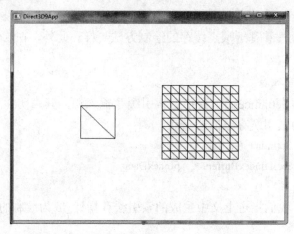

图 5.5　基于顶点索引的正方形和平面绘制结果

1）基于顶点索引绘制的物体模块：

由 D3DObject 类派生出基于顶点索引绘制的正方形类 Square_Index 和网格平面类 Plane_Index，它们的定义如下所示。Plane_Index 类中的 d_width 和 d_height 定义了平面在 x、y 方向上的网格数，d_resolution 为每个网格的尺寸。

```
class Square_Index : public D3DObject
{
    public:
        Square_Index();
        ~Square_Index();

        bool            CreateBuffer(IDirect3DDevice9* _device);
        void            Render(IDirect3DDevice9* _device);

    protected:

    private:
        IDirect3DVertexBuffer9*      _vb;  //顶点缓存
        IDirect3DIndexBuffer9*       _ib;  //索引缓存
};

class Plane_Index : public D3DObject
{
    public:
        Plane_Index();
        ~Plane_Index();
```

```
        bool        CreateBuffer(IDirect3DDevice9* _device);
        bool        CreateBuffer(IDirect3DDevice9* _device,
                                int _width, int _height, float _resolution);
        void        Render(IDirect3DDevice9* _device);

    protected:

    private:
        IDirect3DVertexBuffer9*            _vb;  //顶点缓存
        IDirect3DIndexBuffer9*             _ib;  //索引缓存

        int             d_width;
        int             d_height;
        float           d_resolution;
};
```

Square_Index 类的顶点和索引缓存创建方法 CreateBuffer()如下所示，利用 CreateVertexBuffer()函数创建 4 个顶点缓存，利用 CreateIndexBuffer()函数创建 6 个索引缓存，并为它们赋值。

```
bool Square_Index::CreateBuffer(IDirect3DDevice9* _device)
{
    //创建顶点缓存
    _device->CreateVertexBuffer(
            4 *sizeof(Vertex),
            D3DUSAGE_WRITEONLY,
            FVF_VERTEX,
            D3DPOOL_MANAGED,
            &_vb,
            0);

    //访问顶点缓存区域
    Vertex* v;
    _vb->Lock(0, 0, (void**)&v, 0);

    v[0] = Vertex(-0.5f, -0.5f, 0.0f);
    v[1] = Vertex( 0.5f, -0.5f, 0.0f);
    v[2] = Vertex(-0.5f, 0.5f,  0.0f);
    v[3] = Vertex( 0.5f, 0.5f,  0.0f);

    _vb->Unlock();
```

```
//创建索引缓存
_device->CreateIndexBuffer(
        2 * 3 * sizeof(WORD),
        D3DUSAGE_WRITEONLY,
        D3DFMT_INDEX16,
        D3DPOOL_MANAGED,
        &_ib,
        0);

//访问索引缓存区域
WORD* i = 0;
_ib->Lock(0, 0, (void**)&i, 0);

i[0] = 0; i[1] = 2; i[2] = 1;
i[3] = 2; i[4] = 3; i[5] = 1;

_ib->Unlock();

return true;
}
```

Square_Index 类的渲染方法 Render()如下所示:

```
void Square_Index::Render(IDirect3DDevice9* _device)
{
    _device->SetStreamSource(0, _vb, 0, sizeof(Vertex));
    _device->SetIndices(_ib);

    _device->SetFVF(FVF_VERTEX);

    _device->SetRenderState(D3DRS_FILLMODE,   D3DFILL_WIREFRAME);
    _device->SetRenderState(D3DRS_CULLMODE,D3DCULL_NONE);

    _device->SetTransform( D3DTS_WORLD, &m_Transform);
    _device->DrawIndexedPrimitive( D3DPT_TRIANGLELIST, 0, 0, 4, 0, 2);
}
```

Plane_Index 类的顶点缓存创建方法 CreateBuffer()如下所示:

```
bool Plane_Index::CreateBuffer(IDirect3DDevice9* _device, int _width, int _height, float _resolution)
{
    if (_width <= 0 || _height <= 0 || _resolution <= 0)
    {
```

```
        MessageBox(0, "Plane_Index parameters are wrong!", 0, 0);
        return false;
    }


    d_width = _width;
    d_height = _height;
    d_resolution = _resolution;

//创建顶点缓存
_device->CreateVertexBuffer(
                (d_width + 1) * (d_height + 1) *sizeof(Vertex),
                    D3DUSAGE_WRITEONLY,
                    FVF_VERTEX,
                    D3DPOOL_MANAGED,
                    &_vb,
                    0);
//访问顶点缓存区域
Vertex* _v;
_vb->Lock(0, 0, (void**)&_v, 0);

for(int i = 0; i <= d_height; i++)
{
    for(int j = 0; j <= d_width; j++)
    {
        _v[i * (d_width + 1) + j] = Vertex(
                (j - d_width * 0.5f) * d_resolution,
                (i - d_height * 0.5f) * d_resolution,    0.0f);
    }
}

_vb->Unlock();
//创建索引缓存
_device->CreateIndexBuffer(
                d_width * d_height * 6 * sizeof(WORD),
                D3DUSAGE_WRITEONLY,
                D3DFMT_INDEX16,
                D3DPOOL_MANAGED,
                &_ib,
                0);
```

```
        //访问索引缓存区域
        WORD* _i = 0;
    _ib->Lock(0, 0, (void**)&_i, 0);

        for(int i = 0; i < d_height; i++)
        {
            for(int j = 0; j < d_width; j++)
            {
                int _cell = i * d_width + j;
                _i[_cell * 6 + 0] = i * (d_width + 1) + j;
                _i[_cell * 6 + 1] = (i + 1) * (d_width + 1) + j;
                _i[_cell * 6 + 2] = i * (d_width + 1) + j + 1;

                _i[_cell * 6 + 3] = (i + 1) * (d_width + 1) + j;
                _i[_cell * 6 + 4] = (i + 1) * (d_width + 1) + j + 1;
                _i[_cell * 6 + 5] = i * (d_width + 1) + j + 1;

            }
        }
        _ib->Unlock();

        return true;
    }
```

Plane_Index 类的渲染方法 Render()如下所示，利用 DrawIndexedPrimitive()方法绘制由顶点缓存中$(d\_width + 1) \times (d\_height + 1)$个顶点所决定的 $d\_width \times d\_height \times 2$ 个三角形。

```
    void Plane_Index::Render(IDirect3DDevice9* _device)
    {
        _device->SetStreamSource(0, _vb, 0, sizeof(Vertex));
        _device->SetIndices(_ib);
        _device->SetFVF(FVF_VERTEX);
        _device->SetRenderState(D3DRS_FILLMODE, D3DFILL_WIREFRAME);
        _device->SetRenderState(D3DRS_CULLMODE,D3DCULL_NONE);

        _device->SetTransform( D3DTS_WORLD, &m_Transform);
        _device->DrawIndexedPrimitive( D3DPT_TRIANGLELIST, 0, 0,
                    (d_width + 1) * (d_height + 1) , 0,
                    d_width * d_height * 2);
    }
```

2) MyD3D 模块

在 MyD3D 模块中，我们声明 Square_Index 和 Plane_Index 的类对象 Square_Index d3d_square 和 Plane_Index d3d_plane。在 Initialize()函数中为其生成顶点缓存，并实现空间的平移，相关代码如下所示：

　　d3d_square.CreateBuffer(p_Device);

　　d3d_square.SetTranslation(D3DXVECTOR3(-1.5f, 0.0f,0));

　　d3d_plane.CreateBuffer(p_Device, 9, 9, 0.25);

　　d3d_plane.SetTranslation(D3DXVECTOR3(1.5f, 0.0f,0));

在 Render()函数中调用两个类对象的渲染函数，相关代码如下所示：

　　d3d_square.Render(p_Device);

　　d3d_plane.Render(p_Device);

5.2　自由顶点格式

在 Direct3D 中不仅仅包含了空间信息，还有其他的附加属性，如颜色、纹理坐标、法线等。上文所涉及的顶点只有 x、y、z 坐标，若对不同的顶点结构体开发不同的顶点缓存创建和渲染方法，将增大程序开发的复杂度，且有悖于软件工程开发思想。为此，D3D 提出自由顶点格式(Flexible Vertex Format, FVF)概念，利用统一的函数创建和渲染不同的顶点结构。以下是一些常用的顶点格式的宏定义和对应的顶点属性：

- D3DFVF_XYZ：顶点的三维坐标值。
- D3DFVF_NORMAL：顶点的法线向量。
- D3DFVF_DIFFUSE：漫反射的颜色值。
- D3DFVF_SPECULAR：镜面反射的数值。
- D3DFVF_TEX1~8：1~8 个纹理坐标信息。

Direct3D 允许选择顶点具有多个属性，因此 FVF 的值可以利用或运算操作，实现以上一个或多个属性的组合。在对 FVF 定义时，自由顶点格式属性的指定顺序必须与顶点结构体中相应属性的定义顺序保持一致。

上文中利用以下 Vertex 结构体实现了三维顶点和索引的绘制方法，FVF 的的值为 D3DFVF_XYZ。

```
struct Vertex
{
    Vertex(){ }
    Vertex( float x, float y, float z)
    {
        _x  = x;  _y  = y;  _z  = z;
    }
    float _x, _y, _z;

    static const DWORD FVF   = D3DFVF_XYZ;
};
```

后文将用到带有颜色信息的图元和带有纹理数据的图元绘制，本节将对讲解这些方法用到的颜色顶点和纹理顶点结构体和对应的顶点格式定义。

颜色顶点结构体 ColorVertex 的定义如下所示，除含有 x、y、z 坐标，还有一个 4 个字节的颜色变量 D3DCOLOR _color，颜色顶点的顶点格式 FVF 取值为 D3DFVF_XYZ | D3DFVF_DIFFUSE。D3DCOLOR 类型将在 5.3.1 节中具体说明。

```
struct ColorVertex
{
    ColorVertex(){}

    ColorVertex(float x, float y, float z, D3DCOLOR c)
    {
        _x = x;      _y = y;    _z = z;    _color = c;
    }


    float _x, _y, _z;
    D3DCOLOR _color;

    static const DWORD FVF    = D3DFVF_XYZ | D3DFVF_DIFFUSE;
};
```

纹理顶点结构体 TextureVertex 的定义如下所示，除含有 x、y、z 坐标外，还有 2 个浮点型的纹理坐标数据_u 和_v，纹理顶点的顶点格式 FVF 取值为 D3DFVF_XYZ | D3DFVF_TEX1。

```
struct TextureVertex
{
    TextureVertex() {}
    TextureVertex(float x, float y, float z, float u, float v)
    {
        _x = x;      _y = y;    _z = z;    _u = u;    _v = v;
    }


    float _x, _y, _z;
    float _u, _v;

    static const DWORD FVF = D3DFVF_XYZ | D3DFVF_TEX1;
};
```

5.3 基于颜色顶点的图形绘制

上文中的图形绘制只有空间信息，没有颜色表达。本节将介绍如何创建颜色顶点，以及利用其进行绘制带有颜色信息的图形渲染方法。

5.3.1　D3D 颜色表达

一个颜色向量可以分解为红色(R：red)、绿色(G：green)、蓝色(B：blue)分量，此外，考虑到多种颜色的融合或透明颜色表达时，颜色的表达还会用到一个融合因子 Alpha。本节将介绍如何利用 D3D 提供的颜色类型 D3DCOLOR 和颜色类 D3DXCOLOR，定义颜色值。

1. 颜色类型 D3DCOLOR

Direct3D 定义了颜色类型 D3DCOLOR，利用 4 个字节表达一个含有 Alpha 的颜色值，其定义如下所示：

```
typedef DWORD D3DCOLOR;
```

每种颜色占用一个字节，RGB 颜色值和 Alpha 值可以取值的范围为 0~255。为便于对其赋值，D3D 提供封装了一些由 R、G、B、Alpha 值转化为 D3DCOLOR 类对象的函数，包括 D3DCOLOR_ARGB()、D3DCOLOR_RGBA()、D3DCOLOR_XRGB()等，这些函数的定义如下所示：

```
#define D3DCOLOR_ARGB(a,r,g,b) \
    ((D3DCOLOR)(((((a)&0xff)<<24)|(((r)&0xff)<<16)|(((g)&0xff)<<8)|((b)&0xff)))
#define D3DCOLOR_RGBA(r,g,b,a) D3DCOLOR_ARGB(a,r,g,b)
#define D3DCOLOR_XRGB(r,g,b)     D3DCOLOR_ARGB(0xff,r,g,b)
```

例如我们创建一个纯红色的颜色值，可以利用以下两种方法，其中利用 D3DCOLOR_ARGB()方法时，需要设定 Alpha 值，Alpha 为 255 表示不透明，RGB 的值分别为 255、0、0。利用 D3DCOLOR_XRGB()方法时，Alpha 默认设置为 0xff ，相当于十进制的 255，表示不透明。

```
D3DCOLOR brightRed = D3DCOLOR_ARGB(255, 255, 0, 0);
D3DCOLOR brightRed = D3DCOLOR_XRGB(255, 0, 0);
```

2. 颜色类 D3DXCOLOR

利用颜色类型 D3DCOLOR 定义颜色的方法，只能记录 0~255 的整型颜色数据，在对颜色进行变换时，由于缺少小数位，会引起计算结果有误差。为此，DirectX 还定义了 D3DCOLORVALUE 结构体，利用 4 个浮点型变量表达一个颜色值，其定义如下所示，RGB 和 Alpha 的取值范围为 0.0~1.0。

```
typedef struct_D3DCOLORVALUE
{
    float r;
    float g;
    float b;
    float a;
} D3DCOLORVALUE;
```

为便于颜色的计算，D3D 还提供了 D3DXCOLOR 类，其定义如下所示。该类对"+"、"-"、"*"、"/"运算符进行了重载，实现了颜色了加、减、乘、除的运算。

```
typedef struct D3DXCOLOR
{
        #ifdef __cplusplus
    public:
        D3DXCOLOR() {};
        D3DXCOLOR(DWORD   argb );
        D3DXCOLOR(CONST FLOAT * );
        D3DXCOLOR(CONST D3DXFLOAT16 * );
        D3DXCOLOR(CONST D3DCOLOR & );
        D3DXCOLOR(FLOAT r, FLOAT g, FLOAT b, FLOAT a );

        // casting
        operator UINT    () const;

        operator FLOAT* ();
        operator CONST FLOAT* () const;
        operator D3DCOLORVALUE* ();
        operator CONST D3DCOLORVALUE* () const;
        operator D3DCOLORVALUE & ();
        operator CONST D3DCOLORVALUE & ();

        // assignment operators
        D3DXCOLOR& operator += ( CONST D3DXCOLOR& );
        D3DXCOLOR& operator -= ( CONST D3DXCOLOR& );
        D3DXCOLOR& operator *= ( FLOAT );
        D3DXCOLOR& operator /= ( FLOAT );

        // unary operators
        D3DXCOLOR operator + () const;
        D3DXCOLOR operator - () const;

        // binary operators
        D3DXCOLOR operator + ( CONST D3DXCOLOR& ) const;
        D3DXCOLOR operator - ( CONST D3DXCOLOR& ) const;
        D3DXCOLOR operator * ( FLOAT ) const;
        D3DXCOLOR operator / ( FLOAT ) const;

        friend D3DXCOLOR operator * ( FLOAT, CONST D3DXCOLOR& );
```

```
BOOL operator == ( CONST D3DXCOLOR& ) const;
BOOL operator != ( CONST D3DXCOLOR& ) const;

#endif //__cplusplus
FLOAT r, g, b, a;
} D3DXCOLOR, *LPD3DXCOLOR;
```

5.3.2　颜色顶点的绘制方法

在 5.2 节中，我们介绍了自由顶点格式的含义，并定义了一个颜色顶点结构体 ColorVertex 和对应的顶点格式。在本节中，我们将利用其创建颜色顶点缓存，并对其绘制。

1. 创建颜色顶点缓冲区

在 D3D 程序中，我们依然使用 CreateVertexBuffer()方法创建颜色顶点缓存。利用以下代码可以创建一个三角形所需的 3 个颜色顶点缓存。与三维顶点缓存创建方法不同，在 CreateVertexBuffer()函数中，指定的颜色顶点缓存容量大小为 3 * sizeof(ColorVertex)，顶点格式为 ColorVertex 结构体中定义的 ColorVertex::FVF。

```
IDirect3DVertexBuffer9*            _vb;
_device->CreateVertexBuffer(
        3 * sizeof(ColorVertex),
        D3DUSAGE_WRITEONLY,
        ColorVertex::FVF,
        D3DPOOL_MANAGED,
        &_vb,
        0);
```

在对所创建的颜色顶点缓存进行赋值的过程中，我们依然使用 Lock()方法，相关代码如下所示。首先创建一个颜色顶点 ColorVertex 类的指针 v，再锁定颜色顶点缓存_vb，利用 ColorVertex 类的构造函数初始化其三维坐标和颜色值，最后为_vb 解锁。

```
ColorVertex* v;
_vb->Lock(0, 0, (void**)&v, 0);

v[0] = ColorVertex(-0.5f, -0.5f, 0.0f, D3DCOLOR_XRGB(255,   0,   0));
v[1] = ColorVertex( 0.5f, -0.5f, 0.0f, D3DCOLOR_XRGB(  0, 255,   0));
v[2] = ColorVertex( 0.0f, 0.5f, 0.0f,  D3DCOLOR_XRGB(  0,   0, 255));

_vb->Unlock();
```

2. 渲染颜色顶点缓存

根据图元的顶点颜色可以对图元进行着色，根据其在光栅化过程中的处理速度和渲染效果要求，有多种着色方法。D3D 提供了 Flat、Gouraud、Phong 三种着色模式，可以通过 SetRenderState()函数设置着色模式 D3DRS_SHADEMODE 的参数，进行着色模式的设定。

着色模式参数是 D3DSHADEMODE 枚举类型中的一个成员，其定义如下所示:

```
typedef enum _D3DSHADEMODE {
    D3DSHADE_FLAT               = 1,
    D3DSHADE_GOURAUD            = 2,
    D3DSHADE_PHONG              = 3,
    D3DSHADE_FORCE_DWORD        = 0x7fffffff, /* force 32-bit size enum */
} D3DSHADEMODE;
```

1) Flat 着色模式

采用 Flat 着色模式时，D3D 将图元的第一个顶点颜色作为整个图元的颜色对其着色，一个图元在 Flat 着色模式下只有一种颜色。这种方法虽导致图形颜色的损失，但运算速度快。

我们可以利用以下语句设置 Flat 着色模式，对上文生成的 3 个颜色顶点所组成的三角形进行绘制，结果如图 5.6(a)所示。

```
_device->SetRenderState(D3DRS_SHADEMODE, D3DSHADE_FLAT);

_device->SetRenderState(D3DRS_FILLMODE, D3DFILL_SOLID);

_device->SetRenderState(D3DRS_CULLMODE,D3DCULL_CW);

_device->SetRenderState(D3DRS_LIGHTING, false);

_device->SetStreamSource(0, _vb, 0, sizeof(ColorVertex));

_device->SetFVF(ColorVertex::FVF);


_device->SetTransform( D3DTS_WORLD, &m_Transform);

_device->DrawPrimitive( D3DPT_TRIANGLELIST, 0, 1);
```

(a) Flat 着色模式　　　　　　　　　(b) Gouraud 着色模式

图 5.6　绘制颜色顶点所组成的三角形图元

2) Gouraud 着色模式

采用 Gouraud 着色模式时，D3D 根据图元的顶点法向量和光照参数计算每个顶点的颜色后，利用线性插值算法计算图元平面上的每个像素的颜色值。我们可以利用以下语句设置 Gouraud 着色模式:

```
_device->SetRenderState(D3DRS_SHADEMODE, D3DSHADE_GOURAUD);
```

图 5.6(b)展示了 Gouraud 着色模式下的三角形绘制结果，相对于 Flat 着色模式，它的着色结果比较平滑，但复杂的计算使绘制过程变慢。Phong 和 Gouraud 都是平滑着色模式，他们的绘制结果相似。而 Phong 在计算顶点法向量时需要 3 次插值计算，因此其渲染速度更慢，在一些镜面高光物体渲染时，常采用这种模式。

3. 颜色顶点索引绘制的案例分析

本节将利用 Flat 和 Gouraud 着色模式，绘制由颜色顶点组成的三角形和正方体，如图 5.7 所示。上文说明了三角形的绘制，本节重点说明本案例所涉及的正方体类的设计和类对象的调用方法。

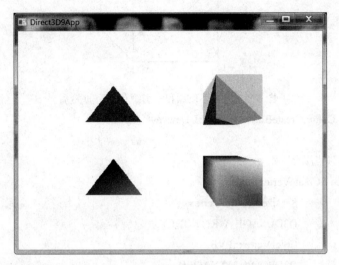

图 5.7　基于颜色顶点的图形绘制案例

1) 颜色顶点的正方体类：Box_Color

本案例的正方体类派生于 **D3DObject** 类，并在 **MyD3D** 类中使用其类对象，其定义如下所示。它采用顶点索引的方式创建，因此需创建一个顶点缓存指针 _vb 和一个索引缓存指针 _ib。

```
class Box_Color : public D3DObject
{
    public:
        Box_Color();
        ~Box_Color();

        bool CreateBuffer(IDirect3DDevice9* _device);
        void Render(IDirect3DDevice9* _device);
        void Render(IDirect3DDevice9* _device, int _shademode);

    protected:

    private:
        IDirect3DVertexBuffer9*        _vb;        //顶点缓存
        IDirect3DIndexBuffer9*         _ib;        //索引缓存
};
```

立方体的顶点和索引缓存创建方法 CreateBuffer() 如下所示，立方体的 8 个顶点所在空间位置和其索引关系如图 5.8 所示。

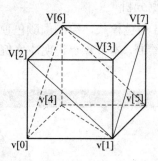

图 5.8　正方体顶点和索引缓存的空间关系

```
bool Box_Color::CreateBuffer(IDirect3DDevice9* _device)
{
    //创建顶点缓存
    _device->CreateVertexBuffer(
                8 * sizeof(ColorVertex),
                D3DUSAGE_WRITEONLY,
                ColorVertex::FVF,
                D3DPOOL_MANAGED,
                &_vb,
                0);

    //访问顶点缓存区域
    ColorVertex* v;
    _vb->Lock(0, 0, (void**)&v, 0);

    v[0] = ColorVertex(-0.5f, -0.5f, 0.5f, D3DCOLOR_XRGB(255, 0, 0));
    v[1] = ColorVertex( 0.5f, -0.5f, 0.5f, D3DCOLOR_XRGB(0, 255, 0));
    v[2] = ColorVertex(-0.5f, 0.5f,     0.5f, D3DCOLOR_XRGB(0, 0, 255));
    v[3] = ColorVertex( 0.5f, 0.5f,     0.5f, D3DCOLOR_XRGB(0, 0, 0));

    v[4] = ColorVertex(-0.5f, -0.5f, -0.5f, D3DCOLOR_XRGB(0, 255, 255));
    v[5] = ColorVertex( 0.5f, -0.5f, -0.5f, D3DCOLOR_XRGB(255, 0, 255));
    v[6] = ColorVertex(-0.5f, 0.5f, -0.5f, D3DCOLOR_XRGB(255, 255, 0));
    v[7] = ColorVertex( 0.5f, 0.5f, -0.5f,D3DCOLOR_XRGB(255,255,255));

    _vb->Unlock();

    //创建索引缓存
    hr = _device->CreateIndexBuffer(
                6 * 3 * 2 * sizeof(WORD),
```

```
                    D3DUSA  GE_WRITEONLY,
                    D3DFMT_INDEX16,
                    D3DPOOL_MANAGED,
                    &_ib,
                    0);
//访问索引缓存区域
WORD* i = 0;
_ib->Lock(0, 0, (void**)&i, 0);

// front face
i[0] = 0; i[1] = 2; i[2] = 1;
i[3] = 2; i[4] = 3; i[5] = 1;

// back face
i[6] = 4; i[7] = 5; i[8] = 6;
i[9] = 6; i[10] = 5; i[11] = 7;

// left face
i[12] = 0; i[13] = 4; i[14] = 6;
i[15] = 6; i[16] = 2; i[17] = 0;

 // right face
i[18] = 1; i[19] = 3; i[20] = 7;
i[21] = 1; i[22] = 7; i[23] = 5;

// top face
i[24] = 2; i[25] = 6; i[26] = 3;
  i[27] = 6; i[28] = 7; i[29] = 3;

// Bottom face
i[30] = 0; i[31] = 1; i[32] = 4;
i[33] = 4; i[34] = 1; i[35] = 5;

_ib->Unlock();

return true;
    }
```

立方体的绘制方法 Render(IDirect3DDevice9* _device)函数用于绘制基本图形。本应用中绘制状态将填充方式设定为 D3DFILL_SOLID 实填充模式，背面消隐模式设置为 D3D-

CULL_CW 顺时针绕序的三角形进行消隐，并关闭光照效果。

```
void Box_Color::Render(IDirect3DDevice9* _device)
{
    _device->SetRenderState(D3DRS_FILLMODE, D3DFILL_SOLID);
    _device->SetRenderState(D3DRS_CULLMODE, D3DCULL_CW);
    _device->SetRenderState(D3DRS_LIGHTING, false);

    _device->SetStreamSource(0, _vb, 0, sizeof(ColorVertex));
    _device->SetFVF(ColorVertex::FVF);
    _device->SetIndices(_ib);

    _device->SetTransform( D3DTS_WORLD, &m_Transform);
    _device->DrawIndexedPrimitive( D3DPT_TRIANGLELIST,
                0, 0, 8, 0, 12);
}
```

此外，我们重载渲染函数 Render(IDirect3DDevice9* _device, int _shademode)，其定义如下所示，用于指定着色模式并绘制图形。

```
void Box_Color::Render(IDirect3DDevice9* _device, int _shademode)
{
    _device->SetRenderState(D3DRS_SHADEMODE, _shademode);
    Render(_device);
}
```

2）MyD3D 模块调用

在 MyD3D 模块中，我们声明 Triangle_Color 和 Box_Color 的类对象，如下所示：

```
Triangle_Color        obj_color_triangle;
Box_Color             obj_color_box;
```

在 MyD3D 的 Initialize()函数中为其生成顶点缓存，并实现空间的平移，相关代码如下所示：

```
// create objects
obj_color_triangle.CreateBuffer(p_Device);
obj_color_triangle.SetScale(D3DXVECTOR3(1.5f, 1.0f,1.0f));

obj_color_box.CreateBuffer(p_Device);
obj_color_box.SetTranslation(D3DXVECTOR3(1.5f, 0.0f,0));
```

在 MyD3D 的 FrameMove()函数中， 我们计算立方体的空间旋转矩阵。

```
void MyD3D::FrameMove(float timeDelta)
{
    static D3DXVECTOR3 _v_rot = D3DXVECTOR3(0.0f, 0.0f, 0.0f);
    if (_v_rot.x > D3DX_PI * 2)
```

```
    {
        _v_rot.x = 0.0f;
    }
    if (_v_rot.y > D3DX_PI * 2)
    {
        _v_rot.y = 0.0f;
    }
    obj_color_box.SetRotation(_v_rot);

    _v_rot.x += 0.5f * timeDelta;
    _v_rot.y += 0.5f * timeDelta;
}
```

在 MyD3D 的 Render()函数中调用两个类对象的渲染函数，通过设定 Flat 和 Gouraud 两种着色模式，分别对两个物体进行渲染。

相关代码如下所示：

```
obj_color_triangle.SetTranslation(D3DXVECTOR3(-1.5f, 1.0f,0));
obj_color_triangle.Render(p_Device, D3DSHADE_FLAT);


obj_color_triangle.SetTranslation(D3DXVECTOR3(-1.5f, -1.0f,0));
obj_color_triangle.Render(p_Device, D3DSHADE_GOURAUD);


obj_color_box.SetTranslation(D3DXVECTOR3(1.5f, 1.0f,0));
obj_color_box.Render(p_Device, D3DSHADE_FLAT);


obj_color_box.SetTranslation(D3DXVECTOR3(1.5f, -1.0f,0));
obj_color_box.Render(p_Device, D3DSHADE_GOURAUD);
```

5.4　基于纹理顶点的图形绘制

利用颜色顶点的绘制方法，一个三角形图元只有最多 3 个颜色表达，如图 5.9(b)所示。为增强画面的美感，游戏中往往采用将纹理图片附着于三维模型上，将一个图元与图片部分的颜色信息相关联，如图 5.9(c)所示。本节将介绍纹理顶点和纹理图片创建和渲染的方法。

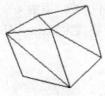  

(a) 三维顶点　　　　　　　　(b) 颜色顶点　　　　　　　　(c) 纹理顶点

图 5.9　三维立方体模型绘制方法

5.4.1　纹理映射原理

图 5.10(a)展示了纹理坐标系，u 轴方向为从左到右，v 轴方向为从上到下，取值区间为 [0.0，1.0]。为将纹理贴图附着于三维三角形上，每个顶点需要一个二维纹理坐标(u, v)定义该顶点在纹理图片上的映射坐标，如图 5.10(b)所示。将映射到的三角形纹理附着于三维平面上，实现纹理映射。

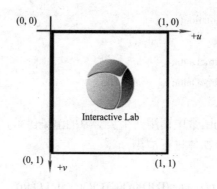

(a) 纹理坐标系

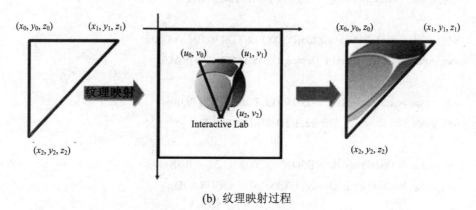

(b) 纹理映射过程

图 5.10　基于纹理顶点的纹理映射过程

5.4.2　纹理顶点缓存的创建

纹理顶点至少由三维位置坐标(x, y, z)和二维纹理坐标(u, v)组成，在 5.2 节中，我们定义了一个纹理顶点结构体 TextureVertex。在 D3D 程序中，我们依然使用 CreateVertexBuffer()方法创建纹理顶点缓存。利用以下代码可以创建一个正方形所需的 4 个纹理顶点缓存，纹理顶点缓存容量大小为 4 * sizeof(TextureVertex)，顶点格式为 Texture Vertex 结构体中定义的 TextureVertex::FVF。

```
IDirect3DVertexBuffer9*        _vb;
_device->CreateVertexBuffer(
        4 *sizeof(TextureVertex),
```

```
        D3DUSAGE_WRITEONLY,
        TextureVertex::FVF,
        D3DPOOL_MANAGED,
        &_vb,
        0);
```

在对所创建的纹理顶点缓存进行赋值的过程中，我们依然使用 Lock()方法，利用以下代码生成一个带有纹理坐标信息的三维正方形。

```
TextureVertex* v;
_vb->Lock(0, 0, (void**)&v, 0);


    v[0] = TextureVertex( -0.5f,     -0.5f,   0.0f,   0.0f,   1.0f);
    v[1] = TextureVertex( 0.5f,      -0.5f,   0.0f,   1.0f,   1.0f);
    v[2] = TextureVertex(-0.5f,       0.5f,   0.0f,   0.0f,   0.0f);
    v[3] = TextureVertex( 0.5f,       0.5f,   0.0f,   1.0f,   0.0f);


_vb->Unlock();
```

5.4.3　纹理缓存的创建

在 D3D 中，纹理缓存的接口为 IDirect3DTexture9*。纹理数据通常是在磁盘中加载图像文件实现的，D3D 提供了 D3DXCreateTextureFromFile()和 D3DXCreateTextureFromFileEx()等函数，用于将 BMP、JPG、PNG 等多种图像文件载入内存中。

D3DXCreateTextureFromFile()函数的声明如下所示：

```
HRESULT WINAPI
    D3DXCreateTextureFromFile(
        LPDIRECT3DDEVICE9              pDevice,
        LPCSTR                        pSrcFile,
        LPDIRECT3DTEXTURE9*           ppTexture);
```

其中参数 pDevice 为 Direct3D 设备对象，pSrcFile 为图像文件地址的字符串，ppTexture 为纹理缓存接口的指针。该函数加载图片后，将其长宽大小扩展为 2 的正整数指数幂，以便创建多级纹理缓存。

利用 D3DXCreateTextureFromFile()函数，我们可以通过以下代码创建一个纹理缓存 _texture，并对其加载当前项目路径下的"Texture_1.jpg"图像文件。

```
IDirect3DTexture9*                                    _texture;
D3DXCreateTextureFromFile(_device, "Texture_1.jpg",  &_texture);
```

D3DXCreateTextureFromFileEx()函数除指定纹理图片外，还有很多参数可以选择，其声明如下所示：

```
HRESULT WINAPI
D3DXCreateTextureFromFileEx(
```

LPDIRECT3DDEVICE9	pDevice,
LPCSTR	pSrcFile,
UINT	Width,
UINT	Height,
UINT	MipLevels,
DWORD	Usage,
D3DFORMAT	Format,
D3DPOOL	Pool,
DWORD	Filter,
DWORD	MipFilter,
D3DCOLOR	ColorKey,
D3DXIMAGE_INFO*	pSrcInfo,
PALETTEENTRY*	pPalette,
LPDIRECT3DCUBETEXTURE9*	ppCubeTexture);

该函数的参数含义如下所示：

- pDevice：Direct3D 设备对象。
- pSrcFile：图像文件地址的字符串。
- Width：像素宽度。如果取值为 0 或 D3DX_DEFAULT 时，其值将根据图像的宽度伸展为 2 的正整数指数幂。
- Height：像素高度。如果取值为 0 或 D3DX_DEFAULT 时，其值将根据图像的高度伸展为 2 的正整数指数幂。
- MipLevels：多级渐进纹理的图层级数。若取值为 0 或 D3DX_DEFAULT 时，将创建完整的多级纹理链。若取值为 D3DX_FROM_FILE 时，大小在图片文件中取得。
- Usage：设定所创建纹理的使用方法，参数可以是 0、D3DUSAGE_RENDERTA-RGET、D3DUSAGE_DYNAMIC。当取值为 D3DUSAGE_RENDERTARGET 时，表示纹理表面用作渲染目标。当取值为 D3DUSAGE_DYNAMIC 时，表示纹理表面可以动态改变纹理缓存。
- Format：选择纹理像素的格式，取值为枚举类 D3DFORMAT 的成员。当定义为 D3DFMT_UNKNOWN 时，纹理格式由图像文件中像素格式决定。
- Pool：纹理的内存存放类型。
- Filter：纹理过滤方式。
- MipFilter：设置多级渐进纹理过滤方式。
- ColorKey：设置透明颜色值。
- pSrcInfo：指向图像信息 D3DXIMAGE_INFO 结构体的指针，用于记录图像信息，可设置为 NULL。
- pPalette：指向 PALETTEENTRY 结构体的指针，用于记录调色板信息，可设置为 NULL。
- ppCubeTexture：纹理缓存接口的指针。

利用 D3DXCreateTextureFromFileEx() 函数，我们可以通过以下代码创建一个纹理缓存

_texture，像素格式为 D3DFMT_A8R8G8B8，表示 8 位 Alpha、8 位红色、8 位绿色、8 位蓝色通道，并对其加载当前项目路径下的 "Texture_1.jpg" 图像文件。

```
D3DXCreateTextureFromFileEx(_device, "Texture_1.jpg",
        D3DX_DEFAULT,  D3DX_DEFAULT,  D3DX_DEFAULT,
        0, D3DFMT_A8R8G8B8, D3DPOOL_MANAGED,
        D3DX_FILTER_TRIANGLE, D3DX_FILTER_TRIANGLE,
        D3DCOLOR_RGBA(0,0,0,255), NULL,  NULL, &_texture);
```

5.4.4　纹理顶点的绘制

纹理顶点的绘制过程中，除设定顶点缓存输入源和索引缓存输入源外，还要设定纹理缓存输入源。D3D 提供了 SetTexture()方法，用于选择绘制纹理顶点时对应的纹理图像，该函数声明如下所示：

```
HRESULT IDirect3DDevice9::SetTexture(
DWORD Stage,
IDirect3DBaseTexture9 *pTexture);
```

物体表面是由一幅或多幅纹理图像组合后进行细节表达的，在设定纹理时需要指定哪个纹理层选用哪个纹理缓存。SetTexture()函数的 Stage 参数为纹理的层数，D3D 中最多可以设置 8 层纹理，该参数取值范围为[0，7]，pTexture 参数为选定的纹理缓存的指针。

通过以下代码，我们可以绘制上文创建的纹理顶点所组成的正方形。

```
_device->SetStreamSource(0, _vb, 0, sizeof(TextureVertex));
_device->SetIndices(_ib);
_device->SetFVF(TextureVertex::FVF);
_device->SetTexture(0, _texture);

_device->SetRenderState(D3DRS_FILLMODE, D3DFILL_SOLID);
_device->SetRenderState(D3DRS_CULLMODE, D3DCULL_CCW);
_device->SetRenderState(D3DRS_LIGHTING, false);

_device->SetTransform( D3DTS_WORLD, &m_Transform);
_device->DrawIndexedPrimitive( D3DPT_TRIANGLELIST, 0, 0, 4, 0, 2);
```

5.4.5　纹理过滤器

如图 5.11 所示，当三维纹理三角形投影到二维屏幕上时，纹理投影需要放大或缩小以适应投影区域，进而导致纹理畸变。为优化纹理投影结果，D3D 提供了多种纹理过滤技术为每个屏幕像素进行纹理采样，包括最近点采样(Nearest Point Sampling)、线性纹理过滤(Linear Filtering)、各向异性纹理过滤(Anisotropic Filtering)、多级渐进过滤(Texturefiltering with Mipmaps)等。

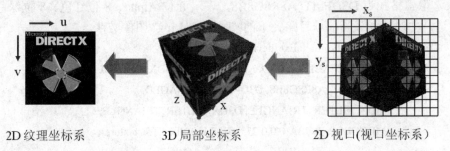

2D 纹理坐标系　　　　　　3D 局部坐标系　　　　　2D 视口(视口坐标系)

图 5.11　纹理映射到屏幕空间发生的纹理畸变

当纹理三角形比屏幕投影结果小时，对应的纹理投影结果需要放大；当纹理三角形比屏幕投影结果大时，对应的纹理投影结果需要缩小。为此需要设置放大和缩小过程时采用的纹理过滤技术。D3D 通过 SetSamplerState()函数选择三种纹理过滤技术，设置放大过滤器 D3DSAMP_MAGFILTER 和缩小过滤器 D3DSAMP_MINFILTER。SetSamplerState()函数的定义如下所示：

```
HRESULT SetSamplerState(
        DWORD                   Sampler,
        D3DSAMPLERSTATETYPE     Type,
        DWORD                   Value);
```

参数 Sampler 指定哪一层纹理设置采样状态，参数 Type 指定对纹理采样的操作，在实枚举体 D3DSAMPLERSTATETYPE 中取值，包括 D3DSAMP_MAGFILTER、D3DSAMP_MINFILTER 、D3DSAMP_MIPFILTER 等纹理过滤方式。参数 Value 用于设置采样操作的属性。

屏幕投影获得的纹理像素位置是一个浮点值，最近点采样方式是将映射的纹理像素赋予在纹理图像中与它最接近的整数位置对应的像素值。该方式处理速度最快，但是效果最差。将放大和缩小过滤器设置为最近点采样方式的代码如下所示：

```
_device->SetSamplerState(0, D3DSAMP_MAGFILTER, D3DTEXF_POINT);
_device->SetSamplerState(0, D3DSAMP_MINFILTER, D3DTEXF_POINT);
```

线性纹理过滤方式将映射纹理位置相邻的像素值进行加权取平均值来计算该位置的像素值，较最近点采样方式图像的显示质量得到提高，由于其计算方法不是很复杂，其计算速度也不受太大影响，因此是目前使用最广泛的纹理过滤方式。将放大和缩小过滤器设置为线性纹理过滤方式的代码如下所示：

```
_device->SetSamplerState(0, D3DSAMP_MAGFILTER, D3DTEXF_LINEAR);
_device->SetSamplerState(0, D3DSAMP_MINFILTER, D3DTEXF_LINEAR);
```

当三维表面和投影平面不平行时，投影结果发生扭曲，而线性纹理过滤方式是选取纹理的一块正方形区域进行采样，造成纹理采样结果的模糊和失真，如图 5.12(a)所示。为降低采样的失真，D3D 提供了各向异性纹理过滤方法，它根据屏幕像素反向映射到纹理图像上的长度和宽度的比例，计算屏幕上各向异性的程度，进而指定屏幕像素值。图 5.12(b)演示了各向异性纹理过滤方式的纹理映射结果，提高了场景的清晰度。虽说该方法渲染效果最好，但由于算法的复杂度较高，处理速度最慢。

　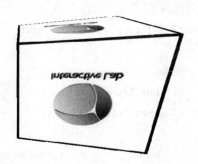

(a) 线性纹理过滤方式　　　　　　　　　(b) 各向异性纹理过滤方式

图 5.12　不同纹理过滤方式的纹理采样结果

　　使用异性纹理过滤方式的过程中，除将放大和缩小过滤器设置为各向异性纹理过滤方式外，还需通过 D3DSAMP_MAXANISOTROPY 设置最大各向异性级别，其值越大渲染效果越好，但处理速度越慢，相关代码如下所示：

　　　　_device->SetSamplerState(0, D3DSAMP_MAGFILTER,

　　　　　　　　D3DTEXF_ANISOTROPIC);

　　　　_device->SetSamplerState(0, D3DSAMP_MINFILTER,

　　　　　　　　D3DTEXF_ANISOTROPIC);

　　　　_ device->SetSamplerState(0, D3DSAMP_MAXANISOTROPY, 8);

5.4.6　纹理顶点绘制的案例分析

　　本节将设置一个基于纹理顶点绘制的平面和立方体，并将其平移到屏幕左侧和右侧，如图 5.13 所示。上文中说明了纹理平面的生成和绘制方法，本节重点说明纹理立方体的类设计。

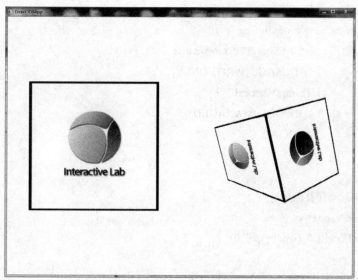

图 5.13　基于纹理顶点的平面和立方体绘制结果

　　由 D3DObject 类派生出纹理立方体类 Box_Texture，它的顶部和底部的纹理与四面的纹理不同，因此需生成两幅纹理图像。

```cpp
class Box_Texture : public D3DObject
{
    public:
        Box_Texture();
        ~Box_Texture();

        bool            CreateBuffer(IDirect3DDevice9* _device);
        void            Render(IDirect3DDevice9* _device);

    protected:

    private:
        IDirect3DVertexBuffer9*      _vb;          //顶点缓存
        IDirect3DIndexBuffer9*       _ib;          //索引缓存
        IDirect3DTexture9*           _texture[2];  //纹理缓存
};
```

　　Box_Texture 类的顶点存创建方法 CreateBuffer()如下所示。立方体的绘制依然采用顶点索引方式，因此需创建顶点缓存和索引缓存。由于立方体的顶点在不同平面的纹理坐标 uv 值都不一样，我们以平面为单位初始化顶点和索引数据。然后将图片"Texture_1.jpg"和"Texture_2.jpg"载入纹理缓存，并将放大和缩小过滤器设置为线性纹理过滤方式。

```cpp
bool Box_Texture::CreateBuffer(IDirect3DDevice9* _device)
{
    //创建顶点缓存
    _device->CreateVertexBuffer(
            6 * 4 * sizeof(TextureVertex),
            D3DUSAGE_WRITEONLY,
            TextureVertex::FVF,
            D3DPOOL_MANAGED,
            &_vb,
            0);

    //访问顶点缓存区域
    TextureVertex* v;
    _vb->Lock(0, 0, (void**)&v, 0);

    // front face
    v[0] = TextureVertex(-0.5f, -0.5f, -0.5f, 0.0f, 0.0f);
    v[1] = TextureVertex(-0.5f,    0.5f, -0.5f, 0.0f, 1.0f);
```

```
v[2] = TextureVertex( 0.5f,   0.5f, -0.5f, 1.0f, 1.0f);
v[3] = TextureVertex( 0.5f, -0.5f, -0.5f, 1.0f, 0.0f);


// back face
v[4] = TextureVertex(-0.5f, -0.5f, 0.5f, 0.0f, 0.0f);
v[5] = TextureVertex( 0.5f, -0.5f, 0.5f, 0.0f, 1.0f);
v[6] = TextureVertex( 0.5f,   0.5f, 0.5f, 1.0f, 1.0f);
v[7] = TextureVertex(-0.5f,   0.5f, 0.5f, 1.0f, 0.0f);


// left face
v[8]  = TextureVertex(-0.5f, -0.5f,   0.5f, 0.0f, 0.0f);
v[9]  = TextureVertex(-0.5f,   0.5f,   0.5f, 0.0f, 1.0f);
v[10] = TextureVertex(-0.5f,   0.5f, -0.5f, 1.0f, 1.0f);
v[11] = TextureVertex(-0.5f, -0.5f, -0.5f, 1.0f, 0.0f);


// right face
v[12] = TextureVertex(0.5f, -0.5f, -0.5f, 0.0f, 0.0f);
v[13] = TextureVertex(0.5f,   0.5f, -0.5f, 0.0f, 1.0f);
v[14] = TextureVertex(0.5f,   0.5f,   0.5f, 1.0f, 1.0f);
v[15] = TextureVertex(0.5f, -0.5f,   0.5f, 1.0f, 0.0f);


// top face
v[16] = TextureVertex(-0.5f, 0.5f, -0.5f, 0.0f, 0.0f);
v[17] = TextureVertex(-0.5f, 0.5f,   0.5f, 0.0f, 1.0f);
v[18] = TextureVertex( 0.5f, 0.5f,   0.5f, 1.0f, 1.0f);
v[19] = TextureVertex( 0.5f, 0.5f, -0.5f, 1.0f, 0.0f);


// bottom face
v[20] = TextureVertex(-0.5f, -0.5f, -0.5f, 0.0f, 0.0f);
v[21] = TextureVertex( 0.5f, -0.5f, -0.5f, 0.0f, 1.0f);
v[22] = TextureVertex( 0.5f, -0.5f,   0.5f, 1.0f, 1.0f);
v[23] = TextureVertex(-0.5f, -0.5f,   0.5f, 1.0f, 0.0f);


_vb->Unlock();

//创建索引缓存
_device->CreateIndexBuffer(
        6 * 3 * 2 * sizeof(WORD),
        D3DUSAGE_WRITEONLY,
```

```
                    D3DFMT_INDEX16,
                    D3DPOOL_MANAGED,
                    &_ib,
                    0);

//访问索引缓存区域
WORD* i = 0;
_ib->Lock(0, 0, (void**)&i, 0);

// front face
i[0] = 0; i[1] = 1; i[2] = 2;
i[3] = 0; i[4] = 2; i[5] = 3;

// back face
i[6] = 4; i[7]  = 5; i[8]   = 6;
i[9] = 4; i[10] = 6; i[11] = 7;

// left face
i[12] = 16; i[13] = 17; i[14] = 18;
i[15] = 16; i[16] = 18; i[17] = 19;

// right face
i[18] = 20; i[19]   = 21; i[20] = 22;
i[21] = 20; i[22]   = 22; i[23] = 23;

// top face
i[24] = 8; i[25] =    9; i[26] = 10;
i[27] = 8; i[28] = 10; i[29] = 11;

// fill in the bottom face index data
i[30] = 12; i[31] = 13; i[32] = 14;
i[33] = 12; i[34] = 14; i[35] = 15;

_ib->Unlock();

D3DXCreateTextureFromFile(_device, "Texture_1.jpg", &_texture[0]);
D3DXCreateTextureFromFile(_device, "Texture_2.jpg", &_texture[1]);

_device->SetSamplerState(0, D3DSAMP_MAGFILTER,
```

```
                            D3DTEXF_LINEAR);
        _device->SetSamplerState(0, D3DSAMP_MINFILTER,
                            D3DTEXF_LINEAR);

        return true;
    }
```

Box_Texture 类的渲染方法 Render()如下所示。首先利用 SetStreamSource()和 SetFVF() 函数设置数据流输入源和顶点格式。再通过 SetRenderState()函数将填充模式 D3DRS_ FILLMODE 设置为边线类型 D3DFILL_SOLID，将背面消隐 D3DRS_CULLMODE 模式设置为不作消隐类型 D3DCULL_CCW，对逆时针绕序的三角形进行消隐，由于该应用没有设定光源，因此需要将光照模式 D3DRS_LIGHTING 关闭。在利用 SetTransform()函数实现物体的空间变换后，先选定第一幅纹理数据输入源，利用 DrawIndexedPrimitive()方法绘制前、后、左、右四个面，再选定第二幅纹理数据输入源，绘制顶和底面。

```
    void Box_Texture::Render(IDirect3DDevice9* _device)
    {
        _device->SetStreamSource(0, _vb, 0, sizeof(TextureVertex));
        _device->SetIndices(_ib);
        _device->SetFVF(TextureVertex::FVF);

        _device->SetRenderState(D3DRS_FILLMODE, D3DFILL_SOLID);
        _device->SetRenderState(D3DRS_LIGHTING, false);
        _device->SetRenderState(D3DRS_CULLMODE, D3DCULL_CCW);


        _device->SetTransform( D3DTS_WORLD, &m_Transform);
        //draw front, back, left and right face
        _device->SetTexture(0, _texture[0]);
        _device->DrawIndexedPrimitive( D3DPT_TRIANGLELIST,
                                    0, 0, 24, 0, 10);

        //draw top and bottom face
        _device->SetTexture(0, _texture[1]);
        _device->DrawIndexedPrimitive( D3DPT_TRIANGLELIST,
                                    0, 0, 24, 24, 4);
    }
```

第 6 章　Alpha 融合

本章介绍基于 Alpha 通道的融合(Blending)技术，实现光栅化过程中某一像素位置的颜色混合，并重点学习利用 D3D 提供的各种融合模式，使含有颜色和纹理信息的三维模型具有透明效果。

6.1　基于 Alpha 通道的像素融合

空间几何体投影到屏幕时具有覆盖性，在光栅化过程中，需要计算已绘制好的像素(目标像素)与将要绘制的像素(源像素)的融合结果。如图 6.1 所示，背景为一个不透明的纹理正方形，前景为一个透明的由颜色顶点组成的正方体和一个透明的纹理正方体。

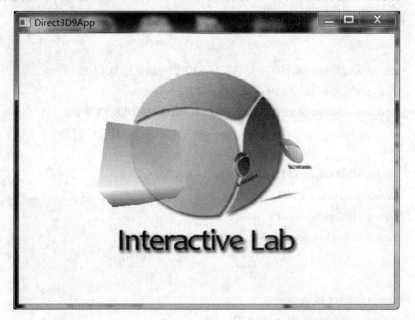

图 6.1　基于 Alpha 通道的几何体融合结果

6.1.1　Alpha 融合原理

为达到几何体的透明效果，5.3.1 节提到 D3D 的颜色数据包含一个 Alpha 值，将其结合像素融合公式(6.1)，实现光栅化过程中某一像素位置上源像素和目标像素的融合。其中 p_{src} 为源像素的 RGB 颜色向量，α_{src} 为源融合因子，用于指定源像素在融合结果中所占的比例，取值范围为[0，1]。p_{dest} 为目标像素的 RGB 颜色向量，α_{dest} 为目标融合因子，用于指定目标像素在融合结果中所占的比例，取值范围为[0，1]。$\otimes$ 表示将融合因子与颜色向量逐个相乘，$\oplus$ 表示融合运算方法，p_{out} 为该位置上的像素计算结果。

$$p_{out} = (\alpha_{src} \otimes p_{src}) \oplus (\alpha_{dest} \otimes p_{dest}) \tag{6.1}$$

为实现 D3D 环境下的 Alpha 渲染，首先需要打开 Alpha 融合渲染状态，再设置源和目标融合因子，以及 Alpha 融合运算方法，最后利用三维模型的 Alpha 通道绘制场景。

6.1.2　设置 Alpha 融合渲染状态

由于 Alpha 融合的计算消耗大，D3D 默认是将 Alpha 融合渲染状态关闭的，我们可以利用 SetRenderState()函数为设备开启 Alpha 融合渲染状态，将 D3DRS_ALPHABLEND-ENABLE 属性设置为 true。相关代码如下所示：

　　_device->SetRenderState(D3DRS_ALPHABLENDENABLE, true);

源和目标融合因子的设定可通过调用两次 SetRenderState()函数，分别对 D3DRS_SRCB-LEND 和 D3DRS_DESTBLEND 的属性进行设定。通常源融合因子取自源像素的 Alpha 值，目标融合因子为 $1-\alpha_{src}$，实现透明的效果。因此，对应的源融合因子 D3DRS_SRCBLEND 设置为 D3DBLEND_SRCALPHA，目标融合因子 D3DRS_DESTBLEND 设置为 D3DBLEND_INVSRCALPHA。相关代码如下所示：

　　_device->SetRenderState(D3DRS_SRCBLEND, D3DBLEND_SRCALPHA);

　　_device->SetRenderState(D3DRS_DESTBLEND, D3DBLEND_INVSRCALPHA);

此外，融合因子还可以选取为_D3DBLEND 枚举类型的成员，其中比较常用的取值和含义如下所示：

- D3DBLEND_ZERO：融合因子为(0, 0, 0, 0)。
- D3DBLEND_ONE：融合因子为(1, 1, 1, 1)。
- D3DBLEND_SRCCOLOR：融合因子为源像素(r_s, g_s, b_s, a_s)。
- D3DBLEND_INVSRCCOLOR：融合因子为源像素的逆$(1 - r_s, 1 - g_s, 1 - b_s, 1 - a_s)$。
- D3DBLEND_SRCALPHA：融合因子为源像素的Alpha值(a_s, a_s, a_s, a_s)。
- D3DBLEND_INVSRCALPHA：融合因子为源像素Alpha值的逆$(1 - a_s, 1 - a_s, 1 - a_s, 1 - a_s)$。
- D3DBLEND_DESTALPHA：融合因子为目标像素的Alpha值(a_d, a_d, a_d, a_d)。
- D3DBLEND_INVDESTALPHA融合因子为源像素Alpha值的逆$(1 - a_d, 1 - a_d, 1 - a_d, 1 - a_d)$。
- D3DBLEND_DESTCOLOR：融合因子为目标像素(r_d, g_d, b_d, a_d)。
- D3DBLEND_INVDESTCOLOR：融合因子为目标像素的逆$(1 - r_b, 1 - g_b, 1 - b_b, 1 - a_b)$。
- D3DBLEND_SRCALPHASAT：融合因子为$(f, f, f, 1)$，$f = \min(a_s, 1 - a)$。

默认情况下，D3D 的融合运算是通过相加运算实现的，利用 SetRenderState()函数将融合运算 D3DRS_BLENDOP 属性设置为 D3DBLENDOP_ADD，实现源像素和目标像素的融合，相关代码如下所示：

```
_device->SetRenderState(D3DRS_BLENDOP, D3DBLENDOP_ADD);
```

在 5.3.1 节中，颜色结构体中有 Alpha 分量，png 等格式的图片也有 Alpha 通道，用于控制透明度，其取值范围为[0，255]，其值越高代表该顶点透明度越低，0 代表顶点全透明，255 代表顶点不透明。在利用 Alpha 融合渲染方式绘制三维物体时，需要利用纹理状态设置函数 SetTextureStageState()指定 Alpha 值是取自顶点还是纹理，其中，参数 Stage 用于指定纹理层，Type 指定所要设置的纹理状态，Value 为设定纹理状态的值。该函数的声明如下所示：

```
HRESULT SetTextureStageState(
        DWORD                       Stage,
        D3DTEXTURESTAGESTATETYPE Type,
        DWORD                       Value );
```

绘制几何体时，若采用顶点颜色 Alpha 分量决定其所在三角面片的透明度，需要利用 SetTextureStageState()函数将纹理层的第一个 Alpha 融合参数状态 D3DTSS_ALPHAARG1 设置为 D3DTA_DIFFUSE，并将 Alpha 融合运算状态 D3DTSS_ALPHAOP 设置为 D3DTOP_SELECTARG1，选择该纹理层的第一个融合参数，相关代码如下所示：

```
_device->SetTextureStageState(0, D3DTSS_ALPHAARG1,
            D3DTA_DIFFUSE);
_device->SetTextureStageState(0, D3DTSS_ALPHAOP,
            D3DTOP_SELECTARG1);
```

绘制几何体时，若采用纹理 Alpha 通道决定其透明度，需要利用 SetTextureStageState()函数将纹理层的第一个 Alpha 融合参数状态 D3DTSS_ALPHAARG1 设置为 D3DTA_TEXT-URE，并将 Alpha 融合运算状态 D3DTSS_ALPHAOP 设置为 D3DTOP_SELECTARG1，相关代码如下所示：

```
_device->SetTextureStageState(0, D3DTSS_ALPHAARG1,
            D3DTA_TEXTURE);
_device->SetTextureStageState(0, D3DTSS_ALPHAOP,
            D3DTOP_SELECTARG1);
```

6.1.3　颜色顶点几何体的透明渲染案例

利用以上 Alpha 融合渲染状态设置方法，本节介绍如何创建并绘制图 6.1 左侧的透明颜色立方体，该类的设计代码如下所示：

```
class Box_Color_Alpha : public D3DObject
{
public:
    Box_Color_Alpha();
    ~Box_Color_Alpha();

    bool  CreateBuffer(IDirect3DDevice9* _device);
```

```
        void  Render(IDirect3DDevice9* _device);
        void  Render(IDirect3DDevice9* _device, int _shademode);


    protected:


    private:
        IDirect3DVertexBuffer9*         _vb;        //顶点缓存
        IDirect3DIndexBuffer9*          _ib;        //索引缓存
};
```

利用 5.3.1 节中定义的颜色顶点结构体，生成立方体的 8 个顶点和 36 个索引，并设置 Alpha 融合的渲染状态。其中缓存创建函数 CreateBuffer()定义如下所示：

```
bool Box_Color_Alpha::CreateBuffer(IDirect3DDevice9* _device)
{
    //创建顶点缓存
    _device->CreateVertexBuffer(
                    8 * sizeof(ColorVertex),
                    D3DUSAGE_WRITEONLY,
                    ColorVertex::FVF,
                    D3DPOOL_MANAGED,
                    &_vb,
                    0);


    //访问顶点缓存区域
    ColorVertex* v;
    _vb->Lock(0, 0, (void**)&v, 0);


    v[0] = ColorVertex(-0.5f, -0.5f, 0.5f,
            D3DCOLOR_ARGB(127, 255, 0, 0));
    v[1] = ColorVertex( 0.5f, -0.5f, 0.5f,
            D3DCOLOR_ARGB(127, 0, 255, 0));
    v[2] = ColorVertex(-0.5f, 0.5f, 0.5f,
            D3DCOLOR_ARGB(127, 0, 0, 255));
    v[3] = ColorVertex( 0.5f, 0.5f, 0.5f,
            D3DCOLOR_ARGB(127, 0, 0, 0));


    v[4] = ColorVertex(-0.5f, -0.5f, -0.5f,
            D3DCOLOR_ARGB(127, 0, 255, 255));
    v[5] = ColorVertex( 0.5f, -0.5f, -0.5f,
            D3DCOLOR_ARGB(127, 255, 0, 255));
```

```
v[6] = ColorVertex(-0.5f, 0.5f, -0.5f,
        D3DCOLOR_ARGB(127, 255, 255, 0));
v[7] = ColorVertex( 0.5f, 0.5f, -0.5f,
        D3DCOLOR_ARGB(127, 255, 255, 255));

_vb->Unlock();

//创建索引缓存
_device->CreateIndexBuffer(
        6 * 3 * 2 * sizeof(WORD),
        D3DUSAGE_WRITEONLY,
        D3DFMT_INDEX16,
        D3DPOOL_MANAGED,
        &_ib,
        0);

//访问索引缓存区域
WORD* i = 0;
_ib->Lock(0, 0, (void**)&i, 0);

//front face
i[0] = 0; i[1] = 2; i[2] = 1;
i[3] = 2; i[4] = 3; i[5] = 1;

//back face
i[6] = 4; i[7] = 5; i[8] = 6;
i[9] = 6; i[10] = 5; i[11] = 7;

//left face
i[12] = 0; i[13] = 4; i[14] = 6;
i[15] = 6; i[16] = 2; i[17] = 0;

//right face
i[18] = 1; i[19] = 3; i[20] = 5;
i[21] = 3; i[22] = 7; i[23] = 5;

//top face
i[24] = 2; i[25] = 6; i[26] = 3;
i[27] = 6; i[28] = 7; i[29] = 3;
```

```
//Bottom face
i[30] = 0; i[31] = 1; i[32] = 4;
i[33] = 4; i[34] = 1; i[35] = 5;

_ib->Unlock();
// set blending factors
_device->SetRenderState(D3DRS_SRCBLEND,
        D3DBLEND_SRCALPHA);
_device->SetRenderState(D3DRS_DESTBLEND,
        D3DBLEND_INVSRCALPHA);
_device->SetRenderState(D3DRS_BLENDOP,
        D3DBLENDOP_ADD);

return true;
}
```

颜色立方体的渲染函数，需要利用 SetTextureStageState()函数将 Alpha 融合参数设置为由顶点颜色决定的方式，相关代码如下所示：

```
void Box_Color_Alpha::Render(IDirect3DDevice9* _device)
{
    _device->SetRenderState(D3DRS_FILLMODE, D3DFILL_SOLID);
    _device->SetRenderState(D3DRS_CULLMODE, D3DCULL_CW);
    _device->SetRenderState(D3DRS_LIGHTING, false);

    // use alpha channel in color for alpha
    _device->SetTextureStageState(0, D3DTSS_ALPHAARG1,
            D3DTA_DIFFUSE);
    _device->SetTextureStageState(0, D3DTSS_ALPHAOP,
            D3DTOP_SELECTARG1);

    _device->SetRenderState(D3DRS_ALPHABLENDENABLE, true);

    _device->SetStreamSource(0, _vb, 0, sizeof(ColorVertex));
    _device->SetFVF(ColorVertex::FVF);
    _device->SetIndices(_ib);

    _device->SetTransform( D3DTS_WORLD, &m_Transform);
    _device->DrawIndexedPrimitive( D3DPT_TRIANGLELIST,
            0, 0, 8, 0, 12);

    _device->SetRenderState(D3DRS_ALPHABLENDENABLE, false);
}
```

6.1.4　纹理顶点几何体的透明渲染案例

图 6.1 右侧的透明纹理立方体类的设计代码如下所示：

```
class Box_Texture_Alpha : public D3DObject
{
    public:

            Box_Texture_Alpha();
            ~Box_Texture_Alpha();


            bool                CreateBuffer(IDirect3DDevice9* _device);
            void                Render(IDirect3DDevice9* _device);


    protected:


    private:
            IDirect3DVertexBuffer9*      _vb;        //顶点缓存
            IDirect3DIndexBuffer9*       _ib;        //索引缓存
            IDirect3DTexture9*           _texture[2];
};
```

利用 **D3DXCreateTextureFromFile()** 函数加载 png 格式图片时，可以加载 **ARGB** 四个通道的纹理缓存，**Alpha** 通道的数据决定了纹理像素的透明度。缓存创建函数 CreateBuffer() 定义如下所示：

```
bool Box_Texture_Alpha::CreateBuffer(IDirect3DDevice9* _device)
{
    //创建顶点缓存
    _device->CreateVertexBuffer(
                6 * 4 * sizeof(TextureVertex),
                D3DUSAGE_WRITEONLY,
                TextureVertex::FVF,
                D3DPOOL_MANAGED,
                &_vb,
                0);

    //访问顶点缓存区域
    TextureVertex* v;
    _vb->Lock(0, 0, (void**)&v, 0);
```

```
//front face
v[0] = TextureVertex(-0.5f, -0.5f, -0.5f, 0.0f, 0.0f);
v[1] = TextureVertex(-0.5f,   0.5f, -0.5f, 0.0f, 1.0f);
v[2] = TextureVertex( 0.5f,   0.5f, -0.5f, 1.0f, 1.0f);
v[3] = TextureVertex( 0.5f, -0.5f, -0.5f, 1.0f, 0.0f);


//back face
v[4] = TextureVertex(-0.5f, -0.5f, 0.5f, 0.0f, 0.0f);
v[5] = TextureVertex( 0.5f, -0.5f, 0.5f, 0.0f, 1.0f);
v[6] = TextureVertex( 0.5f,   0.5f, 0.5f, 1.0f, 1.0f);
v[7] = TextureVertex(-0.5f,   0.5f, 0.5f, 1.0f, 0.0f);


// left face
v[8]  = TextureVertex(-0.5f, -0.5f,   0.5f, 0.0f, 0.0f);
v[9]  = TextureVertex(-0.5f,   0.5f,   0.5f, 0.0f, 1.0f);
v[10] = TextureVertex(-0.5f,   0.5f, -0.5f, 1.0f, 1.0f);
v[11] = TextureVertex(-0.5f, -0.5f, -0.5f, 1.0f, 0.0f);


// right face
v[12] = TextureVertex(0.5f, -0.5f, -0.5f, 0.0f, 0.0f);
v[13] = TextureVertex(0.5f,   0.5f, -0.5f, 0.0f, 1.0f);
v[14] = TextureVertex(0.5f,   0.5f,   0.5f, 1.0f, 1.0f);
v[15] = TextureVertex(0.5f, -0.5f,   0.5f, 1.0f, 0.0f);


// top face
v[16] = TextureVertex(-0.5f, 0.5f, -0.5f, 0.0f, 0.0f);
v[17] = TextureVertex(-0.5f, 0.5f,   0.5f, 0.0f, 1.0f);
v[18] = TextureVertex( 0.5f, 0.5f,   0.5f, 1.0f, 1.0f);
v[19] = TextureVertex( 0.5f, 0.5f, -0.5f, 1.0f, 0.0f);


// bottom face
v[20] = TextureVertex(-0.5f, -0.5f, -0.5f, 0.0f, 0.0f);
v[21] = TextureVertex( 0.5f, -0.5f, -0.5f, 0.0f, 1.0f);
v[22] = TextureVertex( 0.5f, -0.5f,   0.5f, 1.0f, 1.0f);
v[23] = TextureVertex(-0.5f, -0.5f,   0.5f, 1.0f, 0.0f);


_vb->Unlock();


//创建索引缓存
```

```
_device->CreateIndexBuffer(
                    6 * 3 * 2 * sizeof(WORD),
                    D3DUSAGE_WRITEONLY,
                    D3DFMT_INDEX16,
                    D3DPOOL_MANAGED,
                    &_ib,
                    0);

//访问索引缓存区域
WORD* i = 0;
_ib->Lock(0, 0, (void**)&i, 0);

// front face
i[0] = 0;    i[1] = 1;    i[2] = 2;
i[3] = 0;    i[4] = 2;    i[5] = 3;

// back face
i[6] = 4;    i[7] = 5;    i[8]  = 6;
i[9] = 4;    i[10] = 6;   i[11] = 7;

// left face
i[12] = 16;        i[13] = 17;   i[14] = 18;
i[15] = 16;        i[16] = 18;   i[17] = 19;

// right face
i[18] = 20;        i[19]  = 21;   i[20] = 22;
i[21] = 20;        i[22]  = 22;   i[23] = 23;

// top face
i[24] = 8;  i[25] = 9;          i[26] = 10;
i[27] = 8;  i[28] = 10;         i[29] = 11;

// fill in the bottom face index data
i[30] = 12;        i[31] = 13;        i[32] = 14;
i[33] = 12;        i[34] = 14;        i[35] = 15;

_ib->Unlock();
```

```
D3DXCreateTextureFromFile(_device, "Texture_1.png", &_texture[0]);
D3DXCreateTextureFromFile(_device, "Texture_2.png", &_texture[1]);

_device->SetSamplerState(0, D3DSAMP_MAGFILTER,
        D3DTEXF_LINEAR);
_device->SetSamplerState(0, D3DSAMP_MINFILTER,
        D3DTEXF_LINEAR);

// set blending factors
_device->SetRenderState(D3DRS_SRCBLEND,
        D3DBLEND_SRCALPHA);
_device->SetRenderState(D3DRS_DESTBLEND,
        D3DBLEND_INVSRCALPHA);
_device->SetRenderState(D3DRS_BLENDOP, D3DBLENDOP_ADD);

return true;
}
```

纹理立方体的渲染函数，需要利用 SetTextureStageState()函数将 Alpha 融合参数设置为在纹理 Alpha 通道中获取，相关代码如下：

```
void Box_Texture_Alpha::Render(IDirect3DDevice9* _device)
{
    _device->SetRenderState(D3DRS_FILLMODE, D3DFILL_SOLID);
    _device->SetRenderState(D3DRS_LIGHTING, false);
    _device->SetRenderState(D3DRS_CULLMODE, D3DCULL_CCW);

    // use alpha channel in texture for alpha
    _device->SetTextureStageState(0, D3DTSS_ALPHAARG1,
            D3DTA_TEXTURE);
    _device->SetTextureStageState(0, D3DTSS_ALPHAOP,
            D3DTOP_SELECTARG1);

    _device->SetRenderState(D3DRS_ALPHABLENDENABLE, true);

    _device->SetStreamSource(0, _vb, 0, sizeof(TextureVertex));
    _device->SetIndices(_ib);
    _device->SetFVF(TextureVertex::FVF);

    _device->SetTransform( D3DTS_WORLD, &m_Transform);
    //draw front, back, left and right face
```

```
_device->SetTexture(0, _texture[0]);
_device->DrawIndexedPrimitive( D3DPT_TRIANGLELIST,
        0, 0, 24, 0, 8);


//draw top and bottom face
_device->SetTexture(0, _texture[1]);
_device->DrawIndexedPrimitive( D3DPT_TRIANGLELIST,
        0, 0, 24, 24, 4);


_device->SetRenderState(D3DRS_ALPHABLENDENABLE, false);
}
```

6.2　纹理内存的访问

在对纹理图案作一些图像处理操作时，需要用到对纹理缓存的访问。本节将介绍如何访问和修改 IDirect3DTexture9*类型的纹理类对象的 RGB 和 Alpha 通道的缓存。

纹理缓存方法与顶点和索引指针缓存的访问方法类似，在锁定纹理缓存后，访问或修改各个通道，最后解锁。不同的是，在纹理缓存访问之前需要获取纹理的表面描述信息，如宽度、高度等信息，才可以通过设定循环长度，对纹理逐行地访问。为此，我们需要创建一个描述表面 D3DSURFACE_DESC 的类对象，并通过纹理缓存的 GetLevelDesc()方法获取表面的描述信息，相关代码如下所示：

```
D3DSURFACE_DESC Desc;
_texture->GetLevelDesc(0, &Desc);
```

然后，利用纹理缓存的 LockRect()方法对其加锁，该函数的声明如下所示：

```
HRESULT LockRect(
    UINT                    Level,
    D3DLOCKED_RECT*         pLockedRect,
    const RECT*             pRect,
    DWORD                   Flags
);
```

其中参数 Level 用于指定所要锁定的纹理层，pLockedRect 为指向被锁定的缓存区域的指针，pRect 用于选择锁定纹理表面的矩形区域，若想锁定整个表面，则设置为 NULL，Flags 为锁定方式，其用法和 5.1.1 节的顶点缓存锁定方法一致。

利用 LockRect()对纹理表面锁定后，纹理缓存访问的接口为一个 **D3DLOCKED_RECT** 类对象，该类的定义如下所示：

```
typedef struct _D3DLOCKED_RECT
{
    INT                 Pitch;
```

```
    void*            pBits;
  } D3DLOCKED_RECT;
```

其中 Pitch 为锁定纹理的每行像素的内存大小，pBits 为纹理像素缓存的指针。

以下代码展示了创建和访问纹理内存的方法。首先创建纹理表面描述信息 Desc 和纹理缓存访问接口 TextureDC，通过 LockRect() 函数锁定纹理缓存，通过访问和修改 TextureDC.pBits 像素指针所指向的内存，本案例通过修改纹理每个像素的 Alpha 通道，更改纹理的透明度，渲染结果如图 6.2 所示。

图 6.2　纹理 Alpha 通道修改后的纹理立方体渲染结果

```
BYTE _alpha = 127;
IDirect3DTexture9*        _texture;
D3DXCreateTextureFromFileEx(_device, "Texture_1.jpg",
D3DFMT_FROM_FILE, D3DFMT_FROM_FILE, D3DX_DEFAULT,
0, D3DFMT_A8R8G8B8, D3DPOOL_MANAGED,
D3DX_FILTER_TRIANGLE, 3DX_FILTER_TRIANGLE,
D3DCOLOR_RGBA(0,0,0,255), NULL,   NULL, &_texture);

D3DSURFACE_DESC Desc;
_texture->GetLevelDesc(0, &Desc);

D3DLOCKED_RECT TextureDC;
if(FAILED(_texture->LockRect(0, &TextureDC, 0, D3DLOCK_DISCARD)))
{
    texture_buffer = nullptr;
    printf("fail: loced texture;\n");
    return;
}
```

```
texture_buffer = static_cast<BYTE*>(TextureDC.pBits);
for (int i = 0 ; i < Desc.Height; i++)
{
    for (int j = 0 ; j < Desc.Width; j++)
    {
        int _temp = (i * Desc.Width + j) * 4 ;
        texture_buffer[_temp +    3] = alpha;
    }
}
_texture->UnlockRect(0);
```

第 7 章　光 照 与 材 质

在计算机图形学中，光照仿真是一个重要的研究课题，它将三维场景表现得更加真实。本章将重点讲解点光源、方向光、聚光灯的实现原理和对应的 D3D 光源接口，并介绍用于反射光线的物体材质和法向量顶点的设计方法。

7.1　光照与光源

Direct3D 在渲染阶段需根据几何体纹理、材质以及与各种光线的反射关系，计算几何体各个像素的最终显示结果，达到光线模拟的效果。本节将介绍常用的光源及 Direct3D 的光源的实现方法。

7.1.1　光照模型

场景的再现是通过物体发光和物体反射等物理光线传递方式展现到视野中，Direct3D 提供了用于模拟不同光线的反射模式，包括环境光(Ambientlight)、漫射光(Diffuse light)、镜面光(Specular Light)。

环境光在直接照射物体或经过其他物体反射到达某一三角形顶点时，该三角形都可以被照亮。漫射光是经过物体表面，向所有方向均匀反射的光线，漫反射不同于镜面反射，在计算该光照的渲染过程中，只需考虑光的照射防线和物体表面的朝向，不需考虑观察角度。镜面光照射到达某一个三角形表面时，遵照反射定律，该三角形反射的光线方向相同，因此均沿同一方向，在计算该光照的渲染过程中，不仅要考虑光的照射法线和物体表面的朝向，还要考虑观察角度。

我们可以通过 SetRenderState()函数设置 D3DRS_LIGHTING 状态的值为 true，开启光照渲染状态，相关代码如下所示：

　　_device->SetRenderState(D3DRS_LIGHTING, true);

可以看出镜面光的计算相对其他光照较复杂，在保证光照效果的前提下，Direct3D 设备有时需要通过关闭镜面光来提高渲染速度。我们通过 SetRenderState()函数可以设置镜面光渲染状态的开关。启用镜面光的代码如下所示，只需将 D3DRS_SPECULARENABLE 设为 true 即可。

　　device ->SetRenderState(D3DRS_SPECULARENABLE, true);

以上三种光照类型的光都能用 D3DCOLORVALUE 或 D3DXCOLOR 类描述光线的颜色，其 R、G、B、Alpha 分量的取值范围为 [0.0，1.0]。由于光线不存在融合的问题，所以在利用光照渲染时，光的颜色的 Alpha 值会被忽略。

7.1.2　常用的光源

通过设置以上三种基本光照模式的光颜色，我们可以创建多种光源，Direct3D 点光源(Point Light)、方向光(Directional light)、聚光灯(Spot Lights)三种光源。

点光源可以产生从光源向所有方向发射的光线，如图 7.1(a)所示。方向光可发射出沿特定方向的一束平行光线，这些光线只与方向有关，与光源位置无关，如图 7.1(b)。聚光灯可以产生类似手电筒发出的圆锥形光束，它产生的光线由一个相对明亮的内圆锥和一个相对暗淡的外圆锥组成，光线亮度由内锥向外锥逐渐减弱，如图 7.1(c)所示。

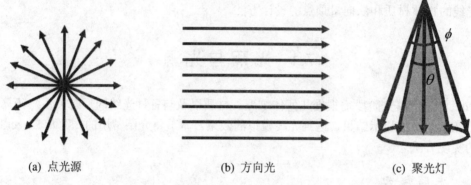

|　(a) 点光源　|　(b) 方向光　|　(c) 聚光灯　|

图 7.1　常用的光源模型

为创建以上三种基本光源，Direct3D 定义了 D3DLIGHT9 光源结构体，如下所示，我们可以设置光源对象的三种光照模型以及位置、方向等信息。

```
typedef struct _D3DLIGHT9 {
    D3DLIGHTTYPE      Type;          /* Type of light source */
    D3DCOLORVALUE     Diffuse;       /* Diffuse color of light */
    D3DCOLORVALUE     Specular;      /* Specular color of light */
    D3DCOLORVALUE     Ambient;       /* Ambient color of light */
    D3DVECTOR         Position;      /* Position in world space */
    D3DVECTOR         Direction;     /* Direction in world space */
    float             Range;         /* Cutoff range */
    float             Falloff;       /* Falloff */
    float             Attenuation0;  /* Constant attenuation */
    float             Attenuation1;  /* Linear attenuation */
    float             Attenuation2;  /* Quadratic attenuation */
    float             Theta;         /* Inner angle of spotlight cone */
    float             Phi;         /  * Outer angle of spotlight cone */
} D3DLIGHT9;
```

该结构体的参数说明如下所示：

• Type：光源的类型，其值是 D3DLIGHTTYPE 枚举体里的任意一个值，包括点光源 D3DLIGHT_POINT、方向光 D3DLIGHT_DIRECTIONAL、聚光灯 D3DLIGHT_SPOT。

- Diffuse：所发射出的漫射光的颜色。
- Specular：所发射出的镜面光的颜色。
- Ambient：所发射出的环境光的颜色。
- Position：光源的位置，该参数对于方向光无意义。
- Direction：光的传播方向，该参数对于点光源无意义。
- Range：灯光能够传播的范围，该参数对于方向光无意义。
- Falloff：该参数仅用于聚光灯，定义了光强从内锥到外锥的衰减参数，其值越大，则光强衰减地越厉害，其值常设置为 1.0f。
- Attenuation0～2：用于点光源和聚光灯，定义了公式(7.1)中光强 A 的衰减系数 a_0、a_1、a_2，其中 d 表示光源与所照射到的顶点间的距离。

$$A = \frac{1}{a_0 + a_1 d + a_2 d^2}$$ (7.1)

- Theta：该参数仅用于聚光灯，定义了聚光灯内锥的角度。
- Phi：该参数仅用于聚光灯，定义了聚光灯外锥的的角度。

利用 D3DLIGHT9 光源结构体，我们可以创建多个光源，为标示各个光源，Direct3D 通过 SetLight()函数为每个光源对象设置一个 ID，并通过 LightEnable()函数开启或关闭一个光源，这两个函数的定义如下所示。SetLight()函数中的 Index 参数为所注册光源的 ID，pLight 参数为所要注册光源的地址。LightEnable()函数的 LightIndex 参数为光源的 ID，bEnable 参数为开关状态。

```
HRESULT SetLight(
    DWORD                Index,
    const D3DLIGHT9*     pLight
);


HRESULT LightEnable(
    DWORD                LightIndex,
    BOOL                 bEnable
);
```

7.1.3　常用光源案例分析

D3DLIGHT9 光源对象的参数较多，为了简化初始化的过程，我们创建了以下基本的点光源、方向光、聚光灯类，用户可以利用其创建类对象，并调用相关成员函数，实现光源的参数初始化与开关等。

1. 点光源类

点光源类 PointLight 的声明如下所示，其中成员属性_light 为光源的对象实体，成员属性 d_id 为光源的 ID，成员函数 Initialize()用于初始化光源 light 的各个参数，SetPosition()用于设置光源位置，Enable()用于开启与关闭光源，Reset()用于光源属性修改后，重置该光源。

```cpp
class PointLight
{
    public:
        PointLight();
        ~PointLight();

        void Initialize(IDirect3DDevice9* _device, int _id,
            D3DXVECTOR3 _pos, D3DXCOLOR _ambient,
            D3DXCOLOR _diffuse, D3DXCOLOR _specular, float _range,
            float _a0 = 1.0f, float _a1   = 0.0f, float _a2   = 0.0f);
        void SetPosition(D3DXVECTOR3 _pos);
        void Enable(IDirect3DDevice9* _device, bool _state);
        void Reset(IDirect3DDevice9* _device);
        D3DLIGHT9              _light;

    protected:

    private:
        int                   d_id;
};
```

点光源类 PointLight 的各个成员函数定义如下所示。

```cpp
PointLight::PointLight()
{
    _light.Type = D3DLIGHT_POINT;
}

void PointLight::Initialize(IDirect3DDevice9* _device, int _id,
        D3DXVECTOR3 _pos, D3DXCOLOR _ambient,
        D3DXCOLOR _diffuse, D3DXCOLOR _specular, float _range,
        float _a0, float _a1, float _a2)
{
    _light.Position = _pos;

    _light.Ambient = _ambient;
    _light.Diffuse = _diffuse;
    _light.Specular = _specular;
    _light.Range = _range;
    _light.Attenuation0 = _a0;
    _light.Attenuation0 = _a1;
```

```
        _light.Attenuation0 = _a2;

        d_id = _id;
        _device->SetLight(d_id, &_light);
        _device->LightEnable(d_id, true);
    }

    void PointLight::SetPosition(D3DXVECTOR3 _pos)
    {
        _light.Position = _pos;
    }

    void PointLight::Enable(IDirect3DDevice9* _device, bool _state)
    {
        _device->LightEnable(d_id, _state);
    }

    void PointLight::Reset(IDirect3DDevice9* _device)
    {
        _device->SetLight(d_id, &_light);
        _device->LightEnable(d_id, true);
    }
```

2. 方向光类

方向光类 DirectionalLight 的声明如下所示，其函数成员意义和 PointLight 类成员一样，只是方向光没有位置属性，但有方向属性，SetDirection()函数用于指定发射光源的方向。

```
    class DirectionalLight
    {
    public:
        DirectionalLight();
        ~DirectionalLight();

        void Initialize(IDirect3DDevice9* _device, int _id, D3DXVECTOR3 _dir,
                D3DXCOLOR _ambient, D3DXCOLOR _diffuse,
        D3DXCOLOR _specular);
        void SetDirection(D3DXVECTOR3 _dir);
        void Enable(IDirect3DDevice9* _device, bool _state);
        void Reset(IDirect3DDevice9* _device);
        D3DLIGHT9        _light;
```

```
    protected:

    private:
          int          d_id;
};
```

方向光类 DirectionalLight 的各个成员函数定义如下所示。

```
DirectionalLight::DirectionalLight()
{
    _light.Type = D3DLIGHT_DIRECTIONAL;
}


DirectionalLight::~DirectionalLight()
{


}


void DirectionalLight::Initialize(IDirect3DDevice9* _device, int _id,
            D3DXVECTOR3 _dir, D3DXCOLOR _ambient, D3DXCOLOR _diffuse,
            D3DXCOLOR _specular)
{
    _light.Direction = _dir;

    _light.Ambient     = _ambient;
    _light.Diffuse     = _diffuse;
    _light.Specular    = _specular;

    d_id = _id;
    _device->SetLight(d_id, &_light);
    _device->LightEnable(d_id, true);
}


void DirectionalLight::SetDirection(D3DXVECTOR3 _dir)
{
    _light.Direction = _dir;
}


void DirectionalLight::Enable(IDirect3DDevice9* _device, bool _state)
{
    _device->LightEnable(d_id, _state);
```

```
    }

    void DirectionalLight::Reset(IDirect3DDevice9* _device)
    {
        _device->SetLight(d_id, &_light);
        _device->LightEnable(d_id, true);
    }
```

3. 聚光灯类

聚光灯类 SpotLight 的声明如下所示，其函数成员意义和 PointLight 与 DirectionalLight 类成员一样，聚光灯类既有位置属性，又有方向属性。

```
    class SpotLight
    {
    public:
        SpotLight();
        ~SpotLight();

        void Initialize(IDirect3DDevice9* _device, int _id,
                D3DXVECTOR3 _pos, D3DXVECTOR3 _dir,
                D3DXCOLOR _ambient, D3DXCOLOR _diffuse,
                D3DXCOLOR _specular, float _range, float _falloff = 1.0f,
                float _theta = 0.3, float _phi = 0.8, float _a0 = 1.0f,
                float _a1    = 0.0f, float _a2   = 0.0f);

        void SetPosition(D3DXVECTOR3 _pos);
        void SetDirection(D3DXVECTOR3 _dir);
        void Enable(IDirect3DDevice9* _device, bool _state);
        void Reset(IDirect3DDevice9* _device);

        D3DLIGHT9    _light;

    protected:

    private:
        int           d_id;
    };
```

聚光灯类 SpotLight 的各个成员函数定义如下所示：

```
    SpotLight::SpotLight()
    {
        _light.Type = D3DLIGHT_SPOT;
```

```
        }

SpotLight::~SpotLight()
{

}

void SpotLight::Initialize(IDirect3DDevice9* _device, int _id,
            D3DXVECTOR3 _pos, D3DXVECTOR3 _dir,
            D3DXCOLOR _ambient, D3DXCOLOR _diffuse,
            D3DXCOLOR _specular, float _range, float _falloff, float _theta,
            float _phi,              float _a0, float _a1, float _a2)
{
    _light.Position = _pos;
    _light.Direction = _dir;

    _light.Ambient = _ambient;
    _light.Diffuse = _diffuse;
    _light.Specular = _specular;

    _light.Range = _range;
    _light.Falloff = _falloff;
    _light.Theta = _theta;
    _light.Phi = _phi;
    _light.Attenuation0 = _a0;
    _light.Attenuation1 = _a1;
    _light.Attenuation2 = _a2;

    d_id = _id;
    _device->SetLight(d_id, &_light);
    _device->LightEnable(d_id, true);
}

void SpotLight::SetPosition(D3DXVECTOR3 _pos)
{
    _light.Position = _pos;
}

void SpotLight::SetDirection(D3DXVECTOR3 _dir)
```

```
{
    _light.Direction = _dir;
}

void SpotLight::Enable(IDirect3DDevice9* _device, bool _state)
{
    _device->LightEnable(d_id, _state);
}

void SpotLight::Reset(IDirect3DDevice9* _device)
{
    _device->SetLight(d_id, &_light);
    _device->LightEnable(d_id, true);
}
```

7.2 材 质

在现实中，光线照射到物体上，反射效果不仅由光源的光照模型决定，还受物体材质的吸收率、反射率等属性影响。为模拟物体反射现象，本节讲解 D3D 环境中材质创建方法以及光照的融合方法。

D3D 定义了材质结构体 D3DMATERIAL9，其定义如下所示。D3D 的各种光源均有漫射光、镜面光、环境光三种光照模型，为模拟物体材质对这三种光照的反射效果，材质也有对应这三种光的反射属性 Diffuse、 Specular、Ambient，其值为光照的颜色。为表现物体的高光效果，利用 Power 属性可以更改高光点的锐度。此外，有些物体会自身发光，Emissive 表达了自身所发光的颜色值。

```
typedef struct _D3DMATERIAL9 {
    D3DCOLORVALUE      Diffuse;      /* Diffuse color RGBA */
    D3DCOLORVALUE      Ambient;      /* Ambient color RGB */
    D3DCOLORVALUE      Specular;     /* Specular 'shininess' */
    D3DCOLORVALUE      Emissive;      /* Emissive color RGB */
    float              Power;         /* Sharpness if specular highlight */
} D3DMATERIAL9;
```

若将材质某一光照颜色反射设置为 0.0 时，代表对该光照颜色发射率为 0%，设置为 1.0 时，则代表发射率 100%。我们可以通过以下代码创建一个能够反射所有光照模型，自身不发光的材质。

```
D3DMATERIAL9        _mtrl;
D3DXCOLOR           _mtrl_color = D3DXCOLOR(1.0f, 1.0f, 1.0f, 1.0f);
                    _mtrl.Ambient      = _mtrl_color;
```

_mtrl.Diffuse	= _mtrl_color;
_mtrl.Specular	= _mtrl_color;
_mtrl.Emissive	= D3DXCOLOR(0.0f, 0.0f, 0.0f, 1.0f);
_mtrl.Power	= 5.0f;

　　在物体绘制过程中，由于顶点结构中不含材质数据，需要通过 SetMaterial()函数指定物体的材质，该函数的声明如下所示：

　　　　IDirect3DDevice9::SetMaterial(CONST D3DMATERIAL9 * pMaterial)

7.3　顶点法向量

　　在 D3D 中我们不必为每个顶点指定不同颜色值以达到理想的光影效果，D3D 会根据光源类型、材质和物体表面相对于光源的朝向自动计算出每个顶点的颜色值，为创造真实的 3D 环境提供了一种极其便利的方法。

1. 顶点法向量

　　通过计算平面的法向量与光线的交角，可以计算平面对光的反射结果。在 D3D 中，顶点是三角形平面的构成要素，光照只有照射到三角形顶点，才有照明效果，为此，平面的顶点法向量能够决定平面的光照效果。独立的三角形平面的顶点的法向量可以由所在平面的法向量决定，如图 7.2(a)所示。在顶点共面情况下，为使各个面均得到光照反射效果，该顶点的法向量需具有各个面的法向量分量，如图 7.2(b)所示，因此该法向量的表达如公式(7.2)所示，其中参数 a_0、a_1、a_2 为正数。

$$n = a_0 n_0 + a_1 n_1 + a_2 n_2 \tag{7.2}$$

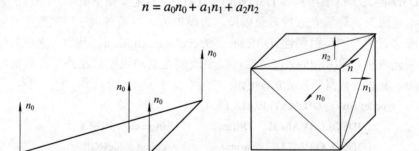

(a) 独立三角形平面顶点法向量　　　　　　　(b) 共面顶点法向量

图 7.2　顶点法向量计算方法

　　为实现顶点法向量在渲染过程中的规范化，我们可以利用 SetRenderState()函数设定 D3DRS_NORMALIZENORMALS 状态为 true，相关代码如下所示：

　　　　Device->SetRenderState(D3DRS_NORMALIZENORMALS, true);

2. 具有法向量的顶点结构体

　　利用自由顶点格式的顶点创建和绘制方法，我们可以创建含有法向量属性的顶点结构体，并通过结构体中的 FVF 属性值，识别所定义的顶点结构体的存储形式。顶点颜色不仅可以通过顶点颜色表达，也可以通过材质的光照反射颜色表现，为此，在创建通过材质绘制的物体顶点时，我们无须为顶点定义各自的颜色值，只需要指定其三维坐标和法向量即可。为此，我们可以通过以下代码创建含有法向量的顶点结构体 NormalVertex，其 FVF 属性中的 D3DFVF_NORMAL 值指定了该结构体中含有法向量属性。

```
struct NormalVertex
{
    NormalVertex() : _pos(0.0f, 0.0f, 0.0f), _normal(0.0f, 0.0f, 0.0f){}

    NormalVertex(float x, float y, float z,
                 float nx, float ny, float nz) :
    _pos(x, y, z),_normal(nx, ny, nz){}

    D3DXVECTOR3   _pos;
    D3DXVECTOR3   _normal;

    static const DWORD FVF = D3DFVF_XYZ | D3DFVF_NORMAL;
};
```

除利用顶点颜色绘制几何体外，还可以利用纹理映射的方式展示几何体的颜色，为展现纹理在不同材质下的反射效果，我们需要创建具有法向量和纹理坐标的顶点结构体。利用以下代码定义了 TextureNormalVertex 顶点结构体。

```
struct TextureNormalVertex
{
    TextureNormalVertex() :
    _pos(0.0f, 0.0f, 0.0f), _normal(0.0f, 0.0f, 0.0f),   _u(0.0f), _v(0.0f){}

    TextureNormalVertex(float x, float y, float z,
                float nx, float ny, float nz, float u, float v) :
    _pos(x, y, z), _normal(nx, ny, nz), _u(u), _v(v){}

    D3DXVECTOR3       _pos;
    D3DXVECTOR3       _normal;
    float             _u, _v;

    static const DWORD FVF =
            D3DFVF_XYZ | D3DFVF_NORMAL | D3DFVF_TEX1 ;
};
```

7.4   Direct3D 的光照渲染案例分析

结合光照、材质、顶点法向量，我们通过程序实现图 7.3 所示的光照效果。在图(a)中，无任何光源，通过一个自发红光的正方体模拟光源位置，光源位置环绕 y 轴不停地运动。在图(b)中，创建沿 y 轴向下照射的方向光源，其光线颜色为绿色，通过按 D 键，打开方向光。在图(c)中，创建蓝色点光源，光源位置随立方体一同移动，通过按 P 键，打开点光源。在图(d)中，创建红色聚光灯源，光源位置随立方体一同移动，光线照向三维点旋转中心，通过按 S 键，打开聚光灯。图(e)展示了同时按下 D、P、S 键时，三种光源的组合渲染效果。

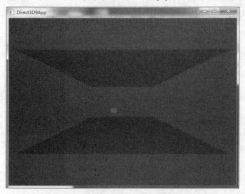

(a) 无光照状态

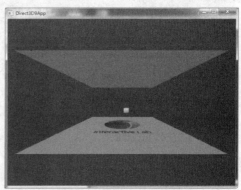

(b) 绿色方向光

(c) 蓝色点光源

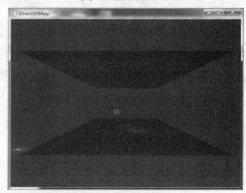

(d) 红色聚光灯

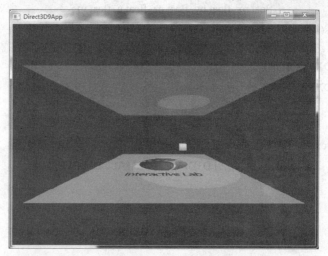

(e) 多种光源共同渲染

图 7.3 多种光源共同渲染

7.4.1　自发光立方体类设计

和前文的立方体定义方法类似，以下代码定义了一个带有材质属性的方体类 Box_Matrial。

```
class Box_Matrial : public D3DObject
{
public:
        Box_Matrial();
        ~Box_Matrial();

        bool            CreateBuffer(IDirect3DDevice9* _device);
        void            Render(IDirect3DDevice9* _device);

protected:

private:
                IDirect3DVertexBuffer9*          _vb;        //顶点缓存
                IDirect3DIndexBuffer9*           _ib;        //索引缓存
                D3DMATERIAL9                     _mtrl;      //材质
};
```

以下代码为材质立方体类 Box_Matrial 的缓存创建方法 CreateBuffer()，结合上文的 NormalVertex 结构体，我们可以利用以下代码定义图 7.2 (b)中所示的 8 个带有法向量的顶点。材质_mtrl 各类反射属性定义为 D3DXCOLOR(1.0f, 1.0f, 1.0f, 1.0f)，代表反射所有颜色的光线，自发光属性设定为 D3DXCOLOR(1.0f, 0.0f, 0.0f, 1.0f)，表示自发红光的效果。

```
bool Box_Matrial::CreateBuffer(IDirect3DDevice9* _device)
{
    //创建顶点缓存
    _device->CreateVertexBuffer(
            8 *sizeof(NormalVertex),
            D3DUSAGE_WRITEONLY,
            NormalVertex::FVF,
            D3DPOOL_MANAGED,
            &_vb,
            0);

    //访问顶点缓存区域
    NormalVertex* v;
    _vb->Lock(0, 0, (void**)&v, 0);
```

```
v[0] = NormalVertex(-0.5f, -0.5f,   0.5f, -1.0f, -1.0f, -1.0f);
v[1] = NormalVertex( 0.5f, -0.5f,   0.5f,  1.0f, -1.0f, -1.0f);
v[2] = NormalVertex(-0.5f, 0.5f,    0.5f, -1.0f,  1.0f, -1.0f);
v[3] = NormalVertex( 0.5f, 0.5f,    0.5f,  1.0f,  1.0f, -1.0f);


v[4] = NormalVertex(-0.5f, -0.5f, -0.5f, -1.0f, -1.0f,   1.0f);
v[5] = NormalVertex( 0.5f, -0.5f, -0.5f,  1.0f, -1.0f,   1.0f);
v[6] = NormalVertex(-0.5f, 0.5f,  -0.5f, -1.0f,  1.0f,   1.0f);
v[7] = NormalVertex( 0.5f, 0.5f,  -0.5f,  1.0f,  1.0f,   1.0f);


_vb->Unlock();

//创建索引缓存
_device->CreateIndexBuffer(
            6 * 3 * 2 * sizeof(WORD),
            D3DUSAGE_WRITEONLY,
            D3DFMT_INDEX16,
            D3DPOOL_MANAGED,
            &_ib,
            0);

//访问索引缓存区域
WORD* i = 0;
_ib->Lock(0, 0, (void**)&i, 0);

//front face
i[0] = 0; i[1] = 2; i[2] = 1;
i[3] = 2; i[4] = 3; i[5] = 1;

//back face
i[6] = 4; i[7] = 5; i[8] = 6;
i[9] = 6; i[10] = 5; i[11] = 7;

//left face
i[12] = 0; i[13] = 4; i[14] = 6;
i[15] = 6; i[16] = 2; i[17] = 0;

//right face
i[18] = 1; i[19] = 3; i[20] = 5;
```

i[21] = 3; i[22] = 7; i[23] = 5;

//top face
i[24] = 2; i[25] = 6; i[26] = 3;
i[27] = 6; i[28] = 7; i[29] = 3;

//Bottom face
i[30] = 0; i[31] = 1; i[32] = 4;
i[33] = 4; i[34] = 1; i[35] = 5;

_ib->Unlock();

D3DXCOLOR   _mtrl_color = D3DXCOLOR(1.0f, 1.0f, 1.0f, 1.0f);
_mtrl.Ambient   = _mtrl_color;
_mtrl.Diffuse   = _mtrl_color;
_mtrl.Specular   = _mtrl_color;
_mtrl.Emissive   = D3DXCOLOR(1.0f, 0.0f, 0.0f, 1.0f);
_mtrl.Power   = 5.0f;

_device->SetSamplerState(0, D3DSAMP_MAGFILTER,
        D3DTEXF_LINEAR);
_device->SetSamplerState(0, D3DSAMP_MINFILTER,
        D3DTEXF_LINEAR);

return true;
}

以下代码为材质立方体类 Box_Matrial 的渲染方法 Render()，绘制立方体之前，需要将光照渲染状态打开，并利用 SetMaterial() 函数指定所要使用的纹理_mtrl。

```
void Box_Matrial::Render(IDirect3DDevice9* _device)
{
        _device->SetRenderState(D3DRS_FILLMODE, D3DFILL_SOLID);
        _device->SetRenderState(D3DRS_LIGHTING, true);
        _device->SetStreamSource(0, _vb, 0, sizeof(NormalVertex));
        _device->SetIndices(_ib);
        _device->SetFVF(NormalVertex::FVF);

        _device->SetTransform( D3DTS_WORLD, &m_Transform);
        _device->SetTexture(0, 0);
        _device->SetMaterial(&_mtrl);
```

```
_device->DrawIndexedPrimitive( D3DPT_TRIANGLELIST,
                0, 0, 8, 0, 12);
}
```

7.4.2 材质平面类设计

D3D 的渲染过程中，光线只有到达几何体的顶点时才能照亮顶点所在三角形，因此在模拟材质平面时，需要将平面分割为多个子三角形面片进行渲染。为此，在设计材质平面类时需要定义平面的宽度、高度、面片大小，如图 7.4 所示。以下代码定义了一个带有材质属性的平面类 Plane_Matrial，其属性 d_width、d_height、d_resolution 分别为平面的宽度、高度、网格分辨率。

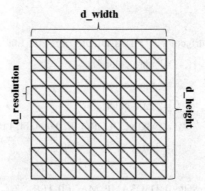

图 7.4 用于光照模拟的材质平面设计

```
class Plane_Matrial : public D3DObject
{
public:
        Plane_Matrial();
        ~Plane_Matrial();


        bool    CreateBuffer(IDirect3DDevice9* _device);
        bool    CreateBuffer(IDirect3DDevice9* _device,
                    int _width, int _height, float _resolution);
        void    Render(IDirect3DDevice9* _device);


protected:


private:
        IDirect3DVertexBuffer9*      _vb;        //顶点缓存
        IDirect3DIndexBuffer9*       _ib;        //索引缓存
        D3DMATERIAL9                 _mtrl;      //材质
```

```
        int                    d_width;
        int                    d_height;
        float                   d_resolution;
    };
```

以下代码为材质平面类 Plane_Matrial 的缓存创建方法 CreateBuffer()和渲染函数
Render()，首先生成和定义(d_width + 1) * (d_height + 1)个顶点，然后生成和定义 d_width *
d_height * 6 个顶点索引，最后以顶点和索引的方式绘制平面。

```
bool Plane_Matrial::CreateBuffer(IDirect3DDevice9* _device, int _width, int
_height, float _resolution)
{
    if (_width <= 0 || _height <= 0 || _resolution <= 0)
    {
        MessageBox(0, "Plane_Index parameters are wrong!", 0, 0);
    return false;
    }

    d_width = _width;
    d_height = _height;
    d_resolution = _resolution;

    //创建顶点缓存
    _device->CreateVertexBuffer(
                (d_width + 1) * (d_height + 1) *sizeof(NormalVertex),
                D3DUSAGE_WRITEONLY,   NormalVertex::FVF,
                D3DPOOL_MANAGED, &_vb, 0);

    //访问顶点缓存区域
    NormalVertex* _v;
    _vb->Lock(0, 0, (void**)&_v, 0);

    for(int i = 0; i <= d_height; i++)
    {
        for(int j = 0; j <= d_width; j++)
        {
            _v[i * (d_width + 1) + j] = NormalVertex(
            (j - d_width * 0.5f) * d_resolution, 0.0f,
            (i - d_height * 0.5f) * d_resolution,
                            0.0f, 1.0f, 0.0f);
        }
```

```
        }
        _vb->Unlock();

        //创建索引缓存
        _device->CreateIndexBuffer(
                        d_width * d_height * 6 * sizeof(WORD),
                        D3DUSAGE_WRITEONLY,        D3DFMT_INDEX16,
                        D3DPOOL_MANAGED, &_ib, 0);

        //访问索引缓存区域
        WORD* _i = 0;
        _ib->Lock(0, 0, (void**)&_i, 0);

        for(int i = 0; i < d_height; i++)
        {
            for(int j = 0; j < d_width; j++)
            {
                int _cell = i * d_width + j;
                _i[_cell * 6 + 0] = i * (d_width + 1) + j;
                _i[_cell * 6 + 1] = (i + 1) * (d_width + 1) + j;
                _i[_cell * 6 + 2] = i * (d_width + 1) + j + 1;

                _i[_cell * 6 + 3] = (i + 1) * (d_width + 1) + j;
                _i[_cell * 6 + 4] = (i + 1) * (d_width + 1) + j + 1;
                _i[_cell * 6 + 5] = i * (d_width + 1) + j + 1;
            }
        }
        _ib->Unlock();

        D3DXCOLOR    _mtrl_color = D3DXCOLOR(1.0f, 1.0f, 1.0f, 1.0f);
        _mtrl.Ambient        = _mtrl_color;
        _mtrl.Diffuse = _mtrl_color;
        _mtrl.Specular       = _mtrl_color;
        _mtrl.Emissive       = D3DXCOLOR(0.0f, 0.0f, 0.0f, 1.0f);
        _mtrl.Power          = 5.0f;

        return true;
    }
```

```
void Plane_Matrial::Render(IDirect3DDevice9* _device)
{
    _device->SetRenderState(D3DRS_FILLMODE, D3DFILL_SOLID);
    _device->SetRenderState(D3DRS_SHADEMODE,
                D3DSHADE_GOURAUD);
    _device->SetRenderState(D3DRS_LIGHTING, true);

    _device->SetStreamSource(0, _vb, 0, sizeof(NormalVertex));
    _device->SetIndices(_ib);
    _device->SetFVF(NormalVertex::FVF);

    _device->SetTransform( D3DTS_WORLD, &m_Transform);
    _device->SetTexture(0, 0);
    _device->SetMaterial(&_mtrl);
    _device->DrawIndexedPrimitive( D3DPT_TRIANGLELIST, 0, 0,
                (d_width + 1) * (d_height + 1) , 0, d_width * d_height * 2);
}
```

7.4.3　纹理材质平面类设计

与材质平面类设计类似，以下代码定义了带有纹理和材质属性的平面类 Texture_Matrial

```
class Texture_Matrial : public D3DObject
{
public:
        Texture_Matrial();
        ~Texture_Matrial();

        bool        CreateBuffer(IDirect3DDevice9* _device);
        bool        CreateBuffer(IDirect3DDevice9* _device,
int _width, int _height, float _resolution);
        void        Render(IDirect3DDevice9* _device);

protected:

private:
        IDirect3DVertexBuffer9*        _vb;            //顶点缓存
        IDirect3DIndexBuffer9*         _ib;            //索引缓存
        IDirect3DTexture9*             _texture;       //纹理
```

```
        D3DMATERIAL9                _mtrl;              //材质

    int                        d_width;
    int                        d_height;
    float                        d_resolution;
};

bool Texture_Matrial::CreateBuffer(IDirect3DDevice9* _device,
            int _width, int _height, float _resolution)
{
    if (_width <= 0 || _height <= 0 || _resolution <= 0)
    {
        MessageBox(0, "Plane_Index parameters are wrong!", 0, 0);
        return false;
    }

    d_width = _width;
    d_height = _height;
    d_resolution = _resolution;

    //创建顶点缓存
    _device->CreateVertexBuffer(
        (d_width + 1) * (d_height + 1) *sizeof(TextureNormalVertex),
            D3DUSAGE_WRITEONLY,    TextureNormalVertex::FVF,
            D3DPOOL_MANAGED, &_vb,    0);

    //访问顶点缓存区域
    TextureNormalVertex* _v;
            _vb->Lock(0, 0, (void**)&_v, 0);

    for(int i = 0; i <= d_height; i++)
    {
        for(int j = 0; j <= d_width; j++)
        {
            _v[i * (d_width + 1) + j] = TextureNormalVertex(
                    (j - d_width * 0.5f) * d_resolution, 0.0f,
                    (i - d_height * 0.5f) * d_resolution,
                    0.0f, 1.0f, 0.0f, (float)j/(float)d_width,
                    1.0f - (float)i/(float)d_height);
```

```
            }
        }
        _vb->Unlock();

        //创建索引缓存
        _device->CreateIndexBuffer(
                    d_width * d_height * 6 * sizeof(WORD),
                    D3DUSAGE_WRITEONLY,
                    D3DFMT_INDEX16,
                    D3DPOOL_MANAGED,
                     &_ib,
                     0);

        //访问索引缓存区域
        WORD* _i = 0;
        _ib->Lock(0, 0, (void**)&_i, 0);

        for(int i = 0; i < d_height; i++)
        {
            for(int j = 0; j < d_width; j++)
            {
                int _cell = i * d_width + j;
                _i[_cell * 6 + 0] = i * (d_width + 1) + j;
                _i[_cell * 6 + 1] = (i + 1) * (d_width + 1) + j;
                _i[_cell * 6 + 2] = i * (d_width + 1) + j + 1;

                _i[_cell * 6 + 3] = (i + 1) * (d_width + 1) + j;
                _i[_cell * 6 + 4] = (i + 1) * (d_width + 1) + j + 1;
                _i[_cell * 6 + 5] = i * (d_width + 1) + j + 1;
            }
        }

        _ib->Unlock();

        D3DXCreateTextureFromFile(_device, "Texture_2.jpg",
                    &_texture);

        D3DXCOLOR   _mtrl_color = D3DXCOLOR(1.0f, 1.0f, 1.0f, 1.0f);
        _mtrl.Ambient      = _mtrl_color;
```

```
        _mtrl.Diffuse  = _mtrl_color;

        _mtrl.Specular      = _mtrl_color;

        _mtrl.Emissive      = D3DXCOLOR(0.0f, 0.0f, 0.0f, 0.0f);

        _mtrl.Power         = 5.0f;


        return true;
    }


    void Texture_Matrial::Render(IDirect3DDevice9* _device)

    {

        _device->SetRenderState(D3DRS_FILLMODE, D3DFILL_SOLID);

        _device->SetRenderState(D3DRS_LIGHTING, true);

        _device->SetSamplerState(0, D3DSAMP_MAGFILTER,
                D3DTEXF_LINEAR);

        _device->SetSamplerState(0, D3DSAMP_MINFILTER,
                D3DTEXF_LINEAR);


        _device->SetStreamSource(0, _vb, 0, sizeof(TextureNormalVertex));

        _device->SetIndices(_ib);

        _device->SetFVF(TextureNormalVertex::FVF);


        _device->SetTransform( D3DTS_WORLD, &m_Transform);

        _device->SetTexture(0, _texture);

        _device->SetMaterial(&_mtrl);


        _device->DrawIndexedPrimitive( D3DPT_TRIANGLELIST, 0, 0,
                (d_width + 1) * (d_height + 1) , 0, d_width * d_height * 2);

    }
```

7.4.4　多光源初始化及渲染

　　结合使用 7.1.3 中的三种光源类对象与上文定义的具有材质属性的几何体类对象，我们可以模拟如图 7.3 所示的多种光照渲染效果，相关代码如下所示：

```
    class MyD3D

    {

    public:

            MyD3D();

            ~MyD3D();
```

```
        bool CreateDevice(HINSTANCE hInstance, int _width, int _height);
        virtual bool Initialize();
        virtual void FrameMove(float timeDelta);
        virtual bool Render();
        void Release();
        IDirect3DDevice9*    getDevice();


    protected:


    private:
        HWND                     hwnd;          //window handle
        IDirect3DDevice9*        p_Device;
        int                      d_width;
        int                      d_height;

        Plane_Matrial            obj_plane_matrial;
        Texture_Matrial          obj_texture_matrial;
        Box_Matrial              light_box;

        PointLight               light_point;
        DirectionalLight         light_directional;
        SpotLight                light_spot;

        D3DXVECTOR3              light_pos;
        D3DXVECTOR3              light_dir;
    };
```

首先，在程序初始化函数 MyD3D::Initialize()中初始化多种光源和几何体的类对象，相关代码如下所示：

```
    bool MyD3D::Initialize()
    {
        // Initialize VirtualCamera.
        D3DXVECTOR3 position(0.0f, 0.0f, -18.0f);
        D3DXVECTOR3 target(0.0f, 0.0f, 0.0f);
        D3DXVECTOR3 up(0.0f, 1.0f, 0.0f);
        D3DXMATRIX V;
        D3DXMatrixLookAtLH(&V, &position, &target, &up);
        p_Device->SetTransform(D3DTS_VIEW, &V);


        // Set projection matrix.
```

```
        D3DXMATRIX proj;
        D3DXMatrixPerspectiveFovLH( &proj,    D3DX_PI * 0.5f,
          (float)d_width / (float)d_height, 1.0f, 1000.0f);
             p_Device->SetTransform(D3DTS_PROJECTION, &proj);

        //create objects
        obj_plane_matrial.CreateBuffer(p_Device, 200, 200, 0.1f);
        obj_plane_matrial.SetRotation(D3DXVECTOR3(D3DX_PI, 0.0f, 0.0f));
        obj_plane_matrial.SetTranslation(D3DXVECTOR3(0.0f, 5.0f, 0.0f));

        obj_texture_matrial.CreateBuffer(p_Device, 200, 200, 0.1f);
        obj_texture_matrial.SetTranslation(D3DXVECTOR3(0.0f, -5.0f, 0.0f));

        //Light position
        light_box.CreateBuffer(p_Device);
        light_box.v_Translate.x = 3.0f;
        light_box.v_Translate.y = -2.0f;
        light_box.SetTranslation(light_box.v_Translate);

        //create light;
        light_pos = light_box.v_Translate;
        D3DXCOLOR    _color = D3DXCOLOR(0.0f, 0.0f, 1.0f, 1.0f);
        light_point.Initialize(p_Device, 0, light_pos,
                _color * 0.5f, _color * 0.6f , _color, 8.0f, 1.0f, 1.0f, 1.3f);

        light_dir = D3DXVECTOR3(0.0f, -1.0f, 0.0f);
        _color = D3DXCOLOR(0.0f, 1.0f, 0.0f, 1.0f);
        light_directional.Initialize(p_Device, 1, light_dir,
        _color * 0.5f, _color * 0.6f, _color);

        _color = D3DXCOLOR(1.0f, 0.0f, 0.0f, 1.0f);
        light_dir = D3DXVECTOR3(0.0f, -5.0f, 0.0f) - light_box.v_Translate;
        light_spot.Initialize(p_Device, 2, light_pos, light_dir,
        _color, _color, _color, 20.0f, 1.0f, 0.8, 0.9, 0.5f, 0.5f, 0.01f);

        return true;
    }
```

　　然后，在应用过程函数 **MyD3D::FrameMove()**中将光源位置绕 *y* 轴不停环绕移动，并根据不同的按键触发不同的光照效果。相关代码如下所示：

```cpp
void MyD3D::FrameMove(float timeDelta)
{
    if (light_box.v_Rotate.y > D3DX_PI * 2)
    {
        light_box.v_Rotate.y = 0.0f;
    }
        if (light_box.v_Rotate.y > D3DX_PI * 2)
    {
        light_box.v_Rotate.y = 0.0f;
    }
    light_box.v_Rotate.y += 0.5f * timeDelta;

    light_box.SetRotation(light_box.v_Rotate);
    light_box.SetTranslation(light_box.v_Translate);
    light_box.m_Transform =
            light_box.m_Scale * light_box.m_Translate * light_box.m_Rotation;

    light_pos = light_box.v_Translate;
    D3DXVec3TransformCoord(
            &light_pos, &light_pos, &light_box.m_Rotation);
    light_dir = D3DXVECTOR3(0.0f, -5.0f, 0.0f) - light_pos;

    light_point.SetPosition(light_pos);
    light_point.Reset(p_Device);
    light_spot.SetPosition(light_pos);
    light_spot.SetDirection(light_dir);
    light_spot.Reset(p_Device);

    if (GetAsyncKeyState('D') & 0x8000)
        light_directional.Enable(p_Device, true);
    else
        light_directional.Enable(p_Device, false);

    if (GetAsyncKeyState('S') & 0x8000)
        light_spot.Enable(p_Device, true);
    else
        light_spot.Enable(p_Device, false);

    if (GetAsyncKeyState('P') & 0x8000)
```

```
            light_point.Enable(p_Device, true);
        else
            light_point.Enable(p_Device, false);

    }
```

　　最后，在渲染函数 MyD3D::Render()中通过调用不同物体类对象的渲染函数绘制如图 7.3 的光照场景。相关代码如下所示：

```
    bool MyD3D::Render()

    {
        if( p_Device )
        {
            p_Device->Clear(0, 0, D3DCLEAR_TARGET |
                            D3DCLEAR_ZBUFFER, 0xff0000ff, 1.0f, 0);
            p_Device->BeginScene();

        //drawing
        obj_texture_matrial.Render(p_Device);
        obj_plane_matrial.Render(p_Device);
            light_box.Render(p_Device);

            p_Device->EndScene();
            p_Device->Present(0, 0, 0, 0);
        }
        return true;

    }
```

第 8 章　三维网格模型

在之前的内容中，我们已经使用顶点缓存、索引缓存、纹理、材质等技术，通过编写程序构造出了一些简单的网格模型。本章将介绍如何将三维图形设计工具 3dsMax 的三维模型载入 DirectX 程序的方法，及一些简单的游戏应用。

8.1　XFile 文件

通过程序定义顶点缓存和索引缓存仅可以建立一些简单的网格模型，实际的游戏制作过程中需要使用更为复杂的网格模型，这些网格模型通过代码编写几乎是不可能的，需要使用专业的三维建模软件对网格模型进行绘制，如 3DSMax、MAYA 等，本节主要介绍将制作好的网格模型转化为 XFile 文件，进而导入到 DirectX 环境的方法。

8.1.1　三维网格 ID3DXMESH 接口

DirectX 提供了 ID3DXMesh 类接口，用于定义网格对象。它包含了描述网格的基本信息，不仅包括顶点缓存和索引缓存，还具有将网格划分为多个子集的子集属性缓存，以及用于优化网格的相邻信息缓存。

我们利用 D3DXCreateMeshFVF() 函数可以为网格对象生成一定数量的顶点和三角形面，该函数如下所示。其中参数 NumFaces 为网格的三角形面数；网格的索引数为 NumFaces * 3；NumVertices 为网格的顶点数；Options 为创建标记，取值可为 D3DXMESH_SYSTE-MMEM、D3DXMESH_MANAGED、D3DXMESH_WRITEONLY、D3DXMESH_DYNAMIC、D3DXMESH_SOFTWAREPROCESSING；FVF 为自由顶点格式标示；pD3DDevice 为 DirectX 设备；ppMesh 为所创建的网格对象指针。

```
HRESULT WINAPI    D3DXCreateMeshFVF(
        DWORD                    NumFaces,
        DWORD                    NumVertices,
        DWORD                    Options,
        DWORD                    FVF,
        LPDIRECT3DDEVICE9        pD3DDevice,
        LPD3DXMESH*              ppMesh);
```

ID3DXMesh 类的顶点缓存和索引缓存的访问函数分别为 GetVertexBuffer() 和 GetIndex-Buffer()。我们可以利用第 5 章的 Lock() 方法获得指向缓存内部存储区的指针，对其内存进行创建和修改，在访问完毕之后，利用 Unlock() 方法对其进行解锁。其函数原型如下所示：

```
HRESULT                  ID3DMesh::GetVertexBuffer(
```

     * ppVB);

   HRESULT ID3DMesh::GetIndexBuffer(

      LPDIRECT3DVERTEXBUFFER9* ppIB);

  与第 5 章的方法类似,ID3DXMesh 类给出了顶点缓存和顶点缓存锁定方法 LockVertex-Buffer()和 LockIndexBuffer(),以及解锁方法 UnlockVertexBuffer()和 UnlockIndexBuffer(),这些函数定义如下所示。其中,参数 ppbData 为指向被锁定的缓存区域的指针,Flags:表示锁定方式,可以是 0、D3DLOCK_DISCARD、D3DLOCK_NOOVERWRITE、D3DLOCK_READONLY。

   HRESULT ID3DXMesh::LockVertexBuffer(DWORD Flags, BYTE** ppData);

   HRESULT ID3DXMesh::LockIndexBuffer(DWORD Flags, BYTE** ppData);

   HRESULT ID3DXMesh::UnlockVertexBuffer( );

   HRESULT ID3DXMesh::UnlockIndexBuffer( );

  ID3DXMESH 网格接口中还提供了以下常用的获取网格信息的函数:

- DWORD GetFVF() :获得网格的灵活顶点格式。
- GetNumVertices():获得网格的顶点数目。
- GetNumBytesPerVertex():获得每个顶点所占的字节数。
- GetNumFaces():获得网格的面片数目。

  当 ID3DXMESH 类对象生命周期结束时,需要释放其缓存,为此该类还提供了 Release()函数,以释放对象所占有的缓存空间。

8.1.2   网格子集

  一个复杂的网格模型,往往具有多种材质、纹理等信息,因此在绘制一个网格时,需要根据不同的材质,将网格划分为不同的子集,每个子集单独渲染。网格的子集是指在同一网格模型中,一组可以用相同的材质、贴图和绘制状态进行绘制的三角形。

  对于同一网格中的每一个子集,我们需要用唯一的非负整数进行标记。习惯上,我们常用 0,1,2,3,…,$n-1$ 对子集进行标记。对于该网格中的每一个三角形,它们所属的子集的标记,将会存储在子集缓存中。而且子集缓存中的元素与索引缓存中的每个三角形一一对应。例如,索引缓存中的第五个三角形属于子集 2,那么子集缓存中的第五个元素就是 2。与顶点缓存和索引缓存相同,访问子集缓存,也需要先将其进行锁定,ID3DXMesh 类提供了属性锁定和解锁函数 LockAttributeBuffer()和 UnlockAttributeBuffer(),它们的声明如下所示,其中参数 Flags 表示锁定方式,ppbData 为指向被锁定的属性缓存区域的指针。

   HRESULT ID3DXMesh::LockAttributeBuffer

     (THIS_ DWORD Flags, DWORD** ppData);

   HRESULT ID3DXMesh:: UnlockAttributeBuffer();

  在绘制网格模型时,我们需要逐个绘制每个子集,ID3DXMesh 类中提供了子集绘制方法 DrawSubset()来对子集 AttribId 中所有的三角形进行绘制,其定义如下所示:

   HRESULT ID3DXMesh::DrawSubset(DWORD   AttribId);

8.1.3 3dsMax 的 XFile 导出

3dsMax 本身并不能导出 .X 格式的文件，我们需要安装插件进行导出。常用的导出 .X 文件的插件有 PandaDirectXMaxExporter、kW X-port 3ds Max X file exporter、Alin DirectX Exporter(AXE) 等，读者可以去这些插件的官方网站下载与系统所安装 3dsMax 相对应的版本。本节将以 3dsMax2012 为例，介绍 XFile 的导出过程。

首先，需要将 XFile 导出插件导入 3dsMax。下载对应 3dsMax 版本的 Xfile 插件 dle 文件，包括 Axe_free_v2.1.5_max2012.dle、kwxport.dle 或 PandaDirectXMaxExporter_x86.dle，将 dle 文件放在 3dsMax 根目录下的 stdplugs 文件夹中，例如 C:\Program Files\Autodesk\3ds Max 2012\stdplugs。

然后，重新启动 3dsMax，打开需要模型，点击"主菜单"选择"导出"，选择好保存路径后，在保存类型中选择"Panda DirectX (*.X)"、"kW X-port (*.X)"、或"Alin DirectX Exporter (*.X)"，然后进入 XFile 导出参数设定界面，如图 8.1 所示。读者需要根据 3dsMax 模型的内容，设定导出网格顶点的格式、纹理和材质的属性信息等内容。最后，点击"OK"，即可完成 XFile 的导出。

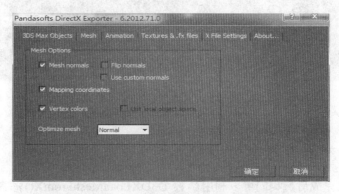

(a) PandaDirectXMaxExporter 界面

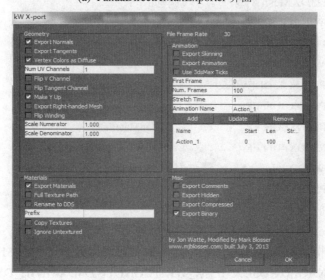

(b) kW X-port 3ds Max XFile exporter 界面

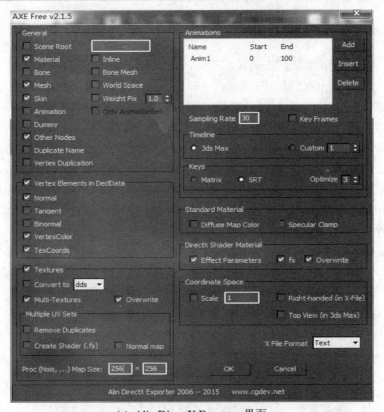

(c) Alin DirectX Exporter 界面

图 8.1　各类 XFile 导出插件的参数设定界面

8.1.4　XFile 加载与渲染

.X 文件导出完成后，我们可以利用函数 **D3DXLoadMeshFromX()**将 XFile 文件的网格数据加载到一个 ID3DXMesh 对象中。其原型如下：

```
HRESULT WINAPI   D3DXLoadMeshFromX(
        LPCSTR                    pFilename,
        DWORD                     Options,
        LPDIRECT3DDEVICE9         pD3DDevice,
        LPD3DXBUFFER              *ppAdjacency,
        LPD3DXBUFFER              *ppMaterials,
        LPD3DXBUFFER              *ppEffectInstances,
        DWORD                     *pNumMaterials,
        LPD3DXMESH                *ppMesh);
```

其各项参数的含义如下：

· pFilenname：需要加载的 .X 文件的地址和文件名的字符串。

· Options：指定加载 .X 文件时的选项。取值可取值为 D3DXMESH_SYSTEMMEM、D3DXMESH_MANAGED、D3DXMESH_WRITEONLY、D3DXMESH_DYNAMIC、D3DX-

MESH_SOFTWAREPROCESSING。

- pD3DDevice：设备指针。
- *ppAdjacency：指向存储网格模型的邻接信息的缓存的地址。
- *ppMaterials：指向存储网格模型的材质缓存的地址，该缓存包括材质和纹理文件信息。
- *ppEffectInstances：指向存储网格模型特殊效果的缓存的地址。通常将这个参数设为 0。
- *pNumMaterials：材质的数量。
- *ppMesh：指向生成好的网格模型的地址。

例如，我们加载一个在该项目文件夹下的名为 XFilename 的 .X 文件。

```
ID3DXBuffer*              _mtrl_Buffer = 0;
char*                     XFilename;
ID3DXMesh*                model_Mesh;
DWORD                     d_num_Mtrls;
HRESULT                   hr = 0;

hr = D3DXLoadMeshFromX(XFilename, D3DXMESH_MANAGED, _device,
                    NULL, &_mtrl_Buffer, NULL,   &d_num_Mtrls, &model_Mesh);
```

由于材质和纹理信息均保存在 _mtrl_Buffer 缓存中，它们以 D3DXMATRIAL 的结构体数组存储。其原型如下：

```
typedef struct _D3DXMATERIAL
{
    D3DMATERIAL9        MatD3D;
    LPSTR               pTextureFilename;
} D3DXMATERIAL;
typedef D3DXMATERIAL *LPD3DXMATERIAL;
```

我们需要将材质和纹理信息从 D3DXMATERIAL 类对象中提取出来，以便实现模型的纹理贴图和用于光照的材质反射。其中 MatD3D 属性存储了材质数据，将其读取为 D3DMA-TERIAL9 对象中；pTextureFilename 属性存储了纹理文件位置的字符串，将其读取后，利用 D3DXCreateTextureFromFile() 读取为纹理缓存。读取材质和纹理的代码如下所示：

```
model_Mtrls = new D3DMATERIAL9[d_num_Mtrls];
model_Textures = new LPDIRECT3DTEXTURE9[d_num_Mtrls];
//取得缓存中 mtrlBuffer 起始地址的指针
D3DXMATERIAL* _mtrls =
    (D3DXMATERIAL*)_mtrl_Buffer->GetBufferPointer();

for(int i = 0; i < d_num_Mtrls; i++)
{
    //设置环境光的颜色，因为 MatD3D 中并未设置
```

```
            _mtrls[i].MatD3D.Ambient = _mtrls[i].MatD3D.Diffuse;
            model_Mtrls[i] = _mtrls[i].MatD3D;
            if( _mtrls[i].pTextureFilename != NULL )
            {
                //从文件中读取贴图数据
                D3DXCreateTextureFromFile(_device,
                                _mtrls[i].pTextureFilename, &model_Textures[i]);
            }
            else
            {
                // 子集无纹理信息
                model_Textures[i] = NULL;
            }
        }
```

在设备载入网格、材质、纹理缓存后，我们就可以对网格模型进行绘制了。利用 **D3DXLoadMeshFromX()** 方法载入的.X 文件，材质和纹理与网格子集是一一对应的，所以我们可以方便地利用绘制子集 DrawSubset() 方法对整个模型进行绘制，相关代码如下所示：

```
        for(int i = 0; i < d_num_Mtrls; i++)
        {
            _device->SetMaterial( &model_Mtrls[i] );
            _device->SetTexture(0, model_Textures[i]);
            model_Mesh->DrawSubset(i);
        }
```

8.1.5　三维网格类 D3DXFile 设计

以上介绍了加载和渲染 XFile 文件的具体方法。我们可以将其封装成一个 D3DXFile 类，通过调用提供的函数实现 XFile 文件的加载和渲染。下面是 D3DXFile 类的头文件声明：

```
    class D3DXFile:public D3DObject
    {
    public:
        D3DXFile();
        ~D3DXFile();

        bool        CreateBuffer(IDirect3DDevice9* _device);
        bool        CreateBuffer(IDirect3DDevice9* _device, char* XFilename);
        void        Render(IDirect3DDevice9* _device);

    protected:
```

```
        ID3DXMesh*                    model_Mesh;


private:
        DWORD                         d_num_Mtrls;
        D3DMATERIAL9*                 model_Mtrls;
        LPDIRECT3DTEXTURE9*           model_Textures;
};
```

D3DXFile 类继承了 D3DObject 类，可以使用基类中的伸缩、旋转、平移方法以及空间位置属性。此外，该类的属性成员 model_Mesh 用于储存模型的网格信息，d_num_Mtrls 用于记录材质的数量，model_Mtrls 用于储存模型的材质缓存，model_Textures 用于储存模型的纹理缓存。

在该类的构造和析构函数中，我们需要分别对这些属性初始化和缓存的释放，相关代码如下所示：

```
D3DXFile::D3DXFile()
{
    model_Mesh = NULL;
    d_num_Mtrls = 0;
    model_Mtrls = NULL;
    model_Textures = NULL;
}


D3DXFile::~D3DXFile()
{
    if (model_Mesh)
    {
        model_Mesh->Release();
        model_Mesh = 0;
    }


    for(int i = 0; i < d_num_Mtrls; i++)
    {
        if ( model_Textures[i] )
        {
            model_Textures[i]->Release();
            model_Textures[i] = 0;
        }
    }
}
```

成员函数 CreateBuffer()的功能是加载 XFile 模型，下面是该函数的具体定义。其中，第二个参数是需要加载的.X 文件的地址和文件名的字符串。

```cpp
bool D3DXFile::CreateBuffer(IDirect3DDevice9* _device, char* XFilename)
{
    ID3DXBuffer* _mtrl_Buffer = 0;
    HRESULT hr = 0;

    hr = D3DXLoadMeshFromX(XFilename, D3DXMESH_MANAGED,
            _device, NULL, &_mtrl_Buffer, NULL,
            &d_num_Mtrls, &model_Mesh);

    if(FAILED(hr))
    {
        MessageBox(0, "D3DXLoadMeshFromX() - FAILED", 0, 0);
        return false;
    }

    //Load materials and textures
    if( _mtrl_Buffer != 0 && d_num_Mtrls != 0 )
    {
        model_Mtrls = new D3DMATERIAL9[d_num_Mtrls];
        model_Textures = new LPDIRECT3DTEXTURE9[d_num_Mtrls];
        model_Textures[i] = NULL;

        //取得缓存中 mtrlBuffer 起始地址的指针
        D3DXMATERIAL* _mtrls =
                (D3DXMATERIAL*)_mtrl_Buffer->GetBufferPointer();

        for(int i = 0; i < d_num_Mtrls; i++)
        {
            //设置环境光的颜色，因为 MatD3D 中并未设置
            _mtrls[i].MatD3D.Ambient = _mtrls[i].MatD3D.Diffuse;
            model_Mtrls[i] = _mtrls[i].MatD3D;
            if( _mtrls[i].pTextureFilename != NULL )
            {
                //从文件中读取贴图数据
                D3DXCreateTextureFromFile(_device,
                _mtrls[i].pTextureFilename, &model_Textures[i]);
            }
        }
```

```
    }
    //将材质和贴图从缓存读取完毕后，将缓存释放
    _mtrl_Buffer->Release();

    _device->SetRenderState(D3DRS_CULLMODE, D3DCULL_NONE);
    _device->SetSamplerState(0, D3DSAMP_MAGFILTER,
            D3DTEXF_LINEAR);
    _device->SetSamplerState(0, D3DSAMP_MINFILTER,
            D3DTEXF_LINEAR);

    // set blending factors
    _device->SetRenderState(D3DRS_SRCBLEND,
            D3DBLEND_SRCALPHA);
    _device->SetRenderState(D3DRS_DESTBLEND,
            D3DBLEND_INVSRCALPHA);
    _device->SetRenderState(D3DRS_BLENDOP, D3DBLENDOP_ADD);
    _device->SetRenderState(D3DRS_NORMALIZENORMALS, true);

    // use alpha channel in texture for alpha
    _device->SetTextureStageState(0, D3DTSS_ALPHAARG1,
            D3DTA_TEXTURE);
    _device->SetTextureStageState(0, D3DTSS_ALPHAOP,
            D3DTOP_SELECTARG1);

    return true;
    }
```

成员函数 Render()的功能是对已经加载的 XFile 模型进行渲染。其具体定义如下：

```
    void D3DXFile::Render(IDirect3DDevice9* _device)
    {
        _device->SetRenderState(D3DRS_ALPHABLENDENABLE, true);
        _device->SetTransform(D3DTS_WORLD, &m_Transform);
        for(int i = 0; i < d_num_Mtrls; i++)
        {
            _device->SetMaterial( &model_Mtrls[i] );
            _device->SetTexture(0, model_Textures[i]);
            model_Mesh->DrawSubset(i);
        }
        _device->SetRenderState(D3DRS_ALPHABLENDENABLE, false);
    }
```

我们可以声明一个 D3DXFile 类对象，通过 CreateBuffer()函数加载名为"Plane.x"的 XFile 文件，该文件包含了具有 png 和 jpg 的纹理，以及材质信息。在更改其空间变换后，在循环渲染过程中执行其渲染函数 Render()，即可实现 XFile 的核心操作，相关代码如下所示：

```
D3DXFile   obj_aircraft;
obj_aircraft.CreateBuffer
        (p_Device,"Plane.x");
obj_aircraft.Render(p_Device);
```

"Plane.x"文件的渲染效果如图 8.2 所示，读者可以加载不同的模型，通过更改文件的缩放比例，适应渲染窗口。

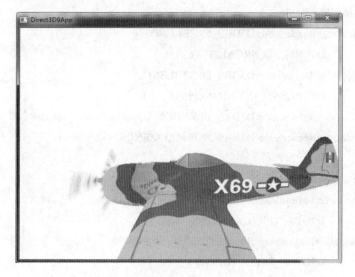

图 8.2　XFile 文件"Plane.x"的渲染效果

8.2　XFile 的边界体

美工设计人员为程序员提供网格模型时，通常不会提供网格尺寸和边界等信息，甚至网格的中心并不在坐标原点。为实现物体的碰撞检测，本节将介绍在网格顶点缓存中的边界和空间位置计算方法。

8.2.1　边界体计算方法

8.1.1 中提到利用 LockVertexBuffer()函数对网格顶点缓存进行锁定访问后，通过 D3D 提供的计算边界球函数 D3DXComputeBoundingSphere()和计算边界盒函数 D3DXCompute-BoundingBox()，我们可以计算 XFile 网格模型的边界与中心位置。

其中 D3DXComputeBoundingSphere()用来计算网格顶点的中心位置与距离中心最远的顶点到中心的距离，进而计算出网格模型的边界球的圆心和半径，如图 8.3(a)所示，该函数的原型如下：

```
HRESULT WINAPI    D3DXComputeBoundingSphere(
        CONST D3DXVECTOR3 *pFirstPosition,    // pointer to first position
        DWORD                NumVertices,
        DWORD                dwStride,        // count in bytes to subsequent position vectors
        D3DXVECTOR3          *pCenter,
        FLOAT                *pRadius);
```

其各项参数的含义如下：

· pFirstPosition：指向第一个顶点的地址。

· NumVertices：网格中顶点的数量。可以利用 ID3DXMesh 中的 GetNumVertices()函数得到网格模型的顶点数量。

· dwStride：每个顶点所占字节的大小。由于灵活顶点格式的缘故，网格模型顶点的大小并不是一定的。可以利用 ID3DXMesh 中的 GetFVF()函数得到灵活顶点格式，再用 D3DXGetFVFVertexSize()函数计算出大小。

· pCenter：用于返回外接球的球心。

· pRadius：用于返回外接球的半径。

与计算边界球类似，函数 D3DXComputeBoundingBox()用于计算网格空间分布上的最小点和最大点，进而计算出网格模型的长、宽、高，如图 8.3(b)所示，该函数的原型如下：

```
HRESULT WINAPI D3DXComputeBoundingBox(
        CONST D3DXVECTOR3 *pFirstPosition,    // pointer to first position
        DWORD NumVertices,
        DWORD dwStride,    // count in bytes to subsequent position vectors
        D3DXVECTOR3 *pMin,
        D3DXVECTOR3 *pMax);
```

其中前三个参数与计算边界球的函数一致，其他参数的含义如下：

· pMin：用于返回边界盒的最小点。

· pMax：用于返回边界盒的最大点。

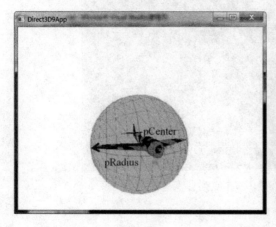

(a) 边界球

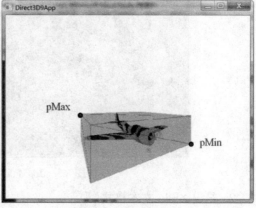

(b) 边界盒

图 8.3 XFile 网格模型的边界体

8.2.2　子集边界体

游戏过程中，不仅需要计算网格模型整体的外界体，个别类型的游戏，如第一人称设计游戏，还需要计算每个节点的外界体，以便计算哪个部位被击中，从而因击中部位不同产生不同的事件。本节将介绍子集的边界球和边界盒检测方法，效果如图 8.4 所示。其子边界体的计算方法包括以下 4 个步骤。

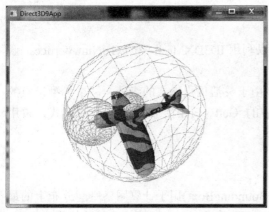 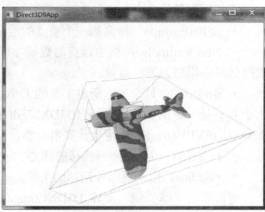

　　　　(a) 子边界球　　　　　　　　　　　　　　　　(b) 子边界盒

图 8.4　XFile 网格模型的子边界体

1. 3dsMax 场景中的节点设定

首先，在 3dsMax 中使用切片方法，将物体分割为多个节点，如图 8.5 所示，飞机网格模型被划分为三个节点，包括机体 P47、机盖 Canopy、螺旋桨 Plane04。

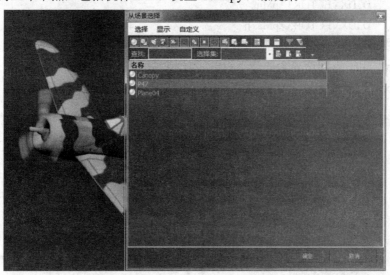

图 8.5　3dsMax 场景中多节点列表

2. 导出 XFile 文本格式

在导出 XFile 文件时，选择以文本格式导出，图 8.6 演示了 kW X-port 插件的网格模型文本内容的导出方法。

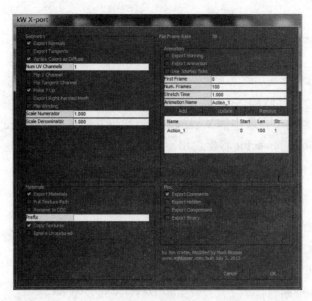

图 8.6　kW X-port 插件的网格模型文本内容的导出界面

3. 确定节点顶点数目

利用记事本打开所导出的 XFile，如图 8.7 所示。在 XFile 文件中，搜索节点的名字，以 P47 为例，可以找到在 Frame P47 空间中，有 Mesh mesh_P47，其空间中的第一个数据 1254 为该节点的顶点个数。

图 8.7　XFile 文本中的节点信息界面

利用这个方法，在知道每个部分的顶点数目后，在程序中定义一个节点顶点个数的数组，以在网格顶点缓存访问时，标示各个节点的索引位置。具体代码如下：

```
#define   OBJECTNODENUM   3
const   int   ObjectNodeVertexNum[OBJECTNODENUM] = {
        1254,                    //P47
```

```
258,                    //Canopy
4                       //Plane04
};
```

4. 子集边界体计算

我们创建如下边界体结构体 BoundingVolumeInfo，记录边界球的中心 v_center 和半径 f_radius，以及边界盒的边界最小值 v_range_min 和边界最大值 v_range_max。我们创建一个 BoundingVolumeInfo 的 vector 容器，用于储存各个子集的边界体。

```
struct BoundingVolumeInfo
{
    float               f_radius;
    D3DXVECTOR3         v_center;
    D3DXVECTOR3         v_range_min;
    D3DXVECTOR3         v_range_max;
    int     d_addition;                     //0: not collided; 1: collided.
};
    std::vector<BoundingVolumeInfo>         p_bounding_sub;
```

在锁定网格模型后，我们根据节点的顶点个数，确定其在网格顶点缓存中的存储位置，然后利用 D3DXComputeBoundingSphere()和 D3DXComputeBoundingBox()函数，计算每个节点的边界体，相关代码如下所示：

```
int sum = 0;
BYTE* v = 0;
model_Mesh->LockVertexBuffer(0, (void**)&v);
for (int i = 0; i < OBJECTNODENUM;i++)
{
    BoundingVolumeInfo _bounding;
    D3DXComputeBoundingSphere(
        (D3DXVECTOR3*)(v + sum * D3DXGetFVFVertexSize(
            model_Mesh->GetFVF())),    ObjectNodeVertexNum[i],
            D3DXGetFVFVertexSize(model_Mesh->GetFVF()),
            &_bounding.v_center, &_bounding.f_radius);

    D3DXComputeBoundingBox(
        (D3DXVECTOR3*)(v + sum * D3DXGetFVFVertexSize(
        model_Mesh->GetFVF())), ObjectNodeVertexNum[i],
        D3DXGetFVFVertexSize(model_Mesh->GetFVF()),
        &_bounding.v_range_min, &_bounding.v_range_max);

    p_bounding_sub.push_back(_bounding);
```

```
        sum += ObjectNodeVertexNum[i];
    }
    model_Mesh->UnlockVertexBuffer();
```

8.2.3　边界体类封装

游戏中网格物体的边界体是不显示的，为展现所计算的边界值是否准确，我们编写了边界球 Bounnding_Sphere 和边界盒 Bounnding_Box 类，并在具有边界数据的网格类 D3DXFileBV 中，定义边界球和边界盒的静态类对象，通过缩放、旋转、平移变换，使边界体与网格类对象有绑定在一起的渲染效果，如图 8.3 所示。边界球和边界盒类的声明如下所示：

```
class Bounnding_Box:public D3DObject
{
    public:
        Bounnding_Box();
        ~Bounnding_Box();

        bool    CreateBuffer(IDirect3DDevice9* _device);
        void    Render(IDirect3DDevice9* _device);
        void    Render(IDirect3DDevice9* _device, D3DMATERIAL9* _show_mtrl);

        D3DMATERIAL9            _mtrl;   //材质
    private:
        ID3DXMesh*              model_Mesh ;
};


class Bounnding_Sphere:public D3DObject
{
    public:
        Bounnding_Sphere();
        ~Bounnding_Sphere();

        bool    CreateBuffer(IDirect3DDevice9* _device);
        void    Render(IDirect3DDevice9* _device);
        void    Render(IDirect3DDevice9* _device, D3DMATERIAL9* _show_mtrl);

        D3DMATERIAL9            _mtrl;   //材质
    private:
        ID3DXMesh*              model_Mesh ;
};
```

在两个类的创建函数 CreateBuffer()中，我们分别利用 **D3DXCreateSphere()**和 **D3DX-Create ox()**函数，创建一个长、宽、高均为 1 的单位正方形，以及一个半径为 1 的单位球，相关代码如下所示：

```
bool Bounnding_Sphere::CreateBuffer(IDirect3DDevice9* _device)
{
    D3DXCreateSphere(_device, 1.0f, 20, 20,  &model_Mesh, 0);

    D3DXCOLOR      _mtrl_color = D3DXCOLOR(1.0f, 0.0f, 0.0f, 0.2f);
    _mtrl.Ambient    = _mtrl_color;
    _mtrl.Diffuse    = _mtrl_color;
    _mtrl.Specular   = _mtrl_color;
    _mtrl.Emissive   = D3DXCOLOR(0.0f, 0.0f, 0.0f, 1.0f);
    _mtrl.Power      = 5.0f;

    return true;
}

bool   Bounnding_Box::CreateBuffer(IDirect3DDevice9* _device)
{
    D3DXCreateBox(_device, 1.0f, 1.0f, 1.0f, &model_Mesh, 0);

    D3DXCOLOR      _mtrl_color = D3DXCOLOR(0.0f, 0.0f, 1.0f, 0.2f);
    _mtrl.Ambient    = _mtrl_color;
    _mtrl.Diffuse    = _mtrl_color;
    _mtrl.Specular   = _mtrl_color;
    _mtrl.Emissive    = D3DXCOLOR(0.0f, 0.0f, 0.0f, 1.0f);
    _mtrl.Power      = 5.0f;

    return true;
}
```

边界球 Bounnding_Sphere 类和 Bounnding_Box 类的渲染函数 Render()类似，在设定好材质后，利用线性渲染方法对球和盒子渲染，代码如下所示：

```
void Bounnding_Box::Render(IDirect3DDevice9* _device, D3DMATERIAL9*   _show_mtrl)
{
    if (_show_mtrl)
    {
        _device->SetMaterial(_show_mtrl);
    }
    _device->SetTexture(0, 0);
```

```
    _device->SetRenderState(D3DRS_ALPHABLENDENABLE, true);
    _device->SetRenderState(D3DRS_SRCBLEND,
        D3DBLEND_SRCALPHA);
    _device->SetRenderState(D3DRS_DESTBLEND,
        D3DBLEND_INVSRCALPHA);
    _device->SetTextureStageState(0, D3DTSS_ALPHAARG1,
        D3DTA_DIFFUSE);
    _device->SetTextureStageState(0, D3DTSS_ALPHAOP,
        D3DTOP_SELECTARG1);
    _device->SetTransform(D3DTS_WORLD, &m_Transform);
    model_Mesh->DrawSubset(0);

    _device->SetRenderState(D3DRS_ALPHABLENDENABLE, false);
}
```

具有边界信息的 D3DXFileBV 类继承于前文的网格类对象 D3DXFile，通过在渲染函数 Render()中的 BoundingVolumeType 枚举类型中设定_showCmd 值，显示不同的边界体。其声明如下所示：

```
class D3DXFileBV:public D3DXFile
{
public:
    enum BoundingVolumeType { BOUNDING_NONE= 0,
    BOUNDING_ENTIREBOX, BOUNDING_ENTIRESPHERE,
    BOUNDING_SUBBOX, BOUNDING_SUBSPHERE};
    D3DXFileBV();
      ~D3DXFileBV();

    bool CreateBuffer(IDirect3DDevice9* _device, char* XFilename);
    bool ComputeSubsetBoundingVolumes(const int* _index_list,
        int _num);
    void Render(IDirect3DDevice9* _device, int _showCmd);
    void Render(IDirect3DDevice9* _device)
    { D3DXFile::Render(_device);};

    static Bounnding_Sphere*                _sphere;
    static Bounnding_Box*                   _box;

private:
    BoundingVolumeInfo                      _bounding_entire;
    std::vector<BoundingVolumeInfo>         p_bounding_sub;
};
```

　　成员函数 CreateBuffer()的定义如下所示。在创建模型缓存后，调用计算网格的边界球函数 D3DXComputeBoundingSphere()和边界盒函数 D3DXComputeBoundingBox()，计算出模型的中心和半径，以及最小和最大边界点。

```
bool D3DXFileBV::CreateBuffer(IDirect3DDevice9* _device, char* XFilename)
{
    D3DXFile::CreateBuffer(_device, XFilename);

    _sphere->CreateBuffer(_device);
    _box->CreateBuffer(_device);

    BYTE* v = 0;
    model_Mesh->LockVertexBuffer(0, (void**)&v);

    D3DXComputeBoundingSphere( (D3DXVECTOR3*)v,
        model_Mesh->GetNumVertices(),
        D3DXGetFVFVertexSize(model_Mesh->GetFVF()),
        &_bounding_entire.v_center, &_bounding_entire.f_radius);

    D3DXComputeBoundingBox((D3DXVECTOR3*)v,
        model_Mesh->GetNumVertices(),
        D3DXGetFVFVertexSize(model_Mesh->GetFVF()),
        &_bounding_entire.v_range_min,
        &_bounding_entire.v_range_max);

    model_Mesh->UnlockVertexBuffer();
    return true;
}
```

　　为计算网格模型的各个子集的边界体数据，我们利用根据 8.2.2 节中的方法，封装了子集边界体计算函数 ComputeSubsetBoundingVolumes()，将每个子集的边界体数据保存到 p_bounding_sub 容器中，代码如下所示：

```
bool D3DXFileBV::ComputeSubsetBoundingVolumes(
                const int* _index_list,    int _num)
{
    int sum = 0;
    BYTE* v = 0;
    model_Mesh->LockVertexBuffer(0, (void**)&v);
    for (int i = 0; i < _num;i++)
    {
```

```
        BoundingVolumeInfo _bounding;
        D3DXComputeBoundingSphere( (D3DXVECTOR3*)(v +
            sum * D3DXGetFVFVertexSize(model_Mesh->GetFVF())),
            _index_list[i], D3DXGetFVFVertexSize(
            model_Mesh->GetFVF()),    &_bounding.v_center,
            &_bounding.f_radius);

        D3DXComputeBoundingBox( (D3DXVECTOR3*)(v +
            sum * D3DXGetFVFVertexSize(model_Mesh->GetFVF())),
            _index_list[i], D3DXGetFVFVertexSize(
            model_Mesh->GetFVF()), &_bounding.v_range_min,
            &_bounding.v_range_max);
        p_bounding_sub.push_back(_bounding);
        sum += _index_list[i];
    }
    model_Mesh->UnlockVertexBuffer();
    return true;
}
```

成员函数 Render()的定义如下所示。根据_showCmd 的取值，切换边界体的渲染方式。

```
    void D3DXFileBV::Render(IDirect3DDevice9* _device, int _showCmd)
    {
        _device->SetRenderState(D3DRS_FILLMODE, D3DFILL_SOLID);
        D3DXFile::Render(_device);

        _device->SetRenderState(D3DRS_FILLMODE,
            D3DFILL_WIREFRAME);
        if (_showCmd == BOUNDING_ENTIRESPHERE)
        {
            _sphere->SetHierarchy(&D3DXVECTOR3
                (_bounding_entire.f_radius,  _bounding_entire.f_radius,
                    _bounding_entire.f_radius),   &_bounding_entire.v_center,
                    NULL, &m_Transform);
            _sphere->Render(_device);
        }
        if (_showCmd == BOUNDING_ENTIREBOX)
        {
            _box->SetHierarchy( &(_bounding_entire.v_range_max -
                _bounding_entire.v_range_min),   &((_bounding_entire.v_range_max+
```

```
                _bounding_entire.v_range_min)/2), NULL, &m_Transform);
        _box->Render(_device);
    }
    if (_showCmd == BOUNDING_SUBSPHERE)
    {
        for(int i = 0; i < p_bounding_sub.size(); i++)
        {
            _sphere->SetHierarchy(
                &D3DXVECTOR3(p_bounding_sub[i].f_radius,
                p_bounding_sub[i].f_radius, p_bounding_sub[i].f_radius),
                &p_bounding_sub[i].v_center, NULL, &m_Transform);
            _sphere->Render(_device);
        }
    }
    if (_showCmd == BOUNDING_SUBBOX)
    {
        for(int i = 0; i < p_bounding_sub.size(); i++)
        {
            _box->SetHierarchy(&(p_bounding_sub[i].v_range_max –
            p_bounding_sub[i].v_range_min),
            &((p_bounding_sub[i].v_range_max +
            p_bounding_sub[i].v_range_min)/2), NULL, &m_Transform);
            _box->Render(_device);
        }
    }
}
```

8.3　碰　撞　检　测

物体间的碰撞检测是游戏过程中重要的事件，可以用于对物体是否被击中等事件进行
判断。在计算物体的空间边界后，根据两个物体的边界是否相交来推断物体间的碰撞是比
较常用的方法。本节将讲述基于边界体数据的网格碰撞检测方法。

8.3.1　边界球的碰撞检测

网格模型都是由大量的三角形组成的，我们自然会想到检测每个模型的每个三角形是
否碰撞。虽然这一方法非常精确，但需要进行大量运算。以现阶段计算机的性能来看，是
需要耗费较长时间的。本节讲述一种利用网格模型的边界球检测碰撞的方法。

两球间的碰撞检测，通常是通过计算两球位置与两球半径之和的关系判定的。如图 8.8 所示，当两球球心间距大于两球半径之和，则无碰撞；当两球球心间距小于等于两球半径之和，则发生碰撞。

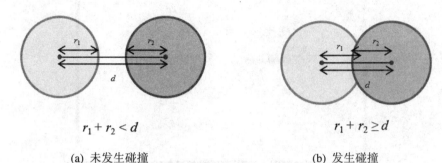

$$r_1 + r_2 < d \qquad\qquad r_1 + r_2 \geq d$$

(a)　未发生碰撞　　　　　　　　　　　(b)　发生碰撞

图 8.8　两球的碰撞检测原理

在程序实现过程中，物体网格模型边界体计算所得的 BoundingVolumeInfo 对象所在空间为物体的局部坐标系，需根据物体的父节点的空间变换矩阵，将边界球的中心转化为全局坐标，再利用两球间的距离和半径的关系，计算两球是否发生碰撞。为此，我们定义了边界球的碰撞检测函数 SphereCollisionDetection()，其参数为两个网格模型的边界体 BoundingVolumeInfo 对象和其父节点的空间变换矩阵。其定义如下所示：

```
bool SphereCollisionDetection(BoundingVolumeInfo* _b1, D3DXMATRIX*
    _pm1, BoundingVolumeInfo* _b2, D3DXMATRIX*   _pm2)
{
    D3DXVECTOR3 _c1, _c2;
    D3DXVec3TransformCoord(&_c1, &(_b1->v_center), _pm1);
    D3DXVec3TransformCoord(&_c2, &(_b2->v_center), _pm2);

    D3DXVECTOR3 _dis = _c1 - _c2;
    if(D3DXVec3Length(&_dis) <= _b1->f_radius + _b2->f_radius)
    {
        _b1->d_addition = true;
        _b2->d_addition = true;
        return true;
    }
    return false;
}
```

图 8.9 所示了利用 SphereCollisionDetection()函数，检测两个网格模型的边界球的碰撞检测。未碰撞时，图(a)中边界球显示为红色；发生碰撞时，图(b)中边界球显示为蓝色；为检测每个节点是否发生碰撞，我们计算两个网格各个子集的边界球之间是否发生碰撞，结果如图(c)所示。

注意，边界体在游戏过程中使用，只是利用其半径和空间坐标检测碰撞的，边界球的显示只是辅助证明碰撞算法的准确性。

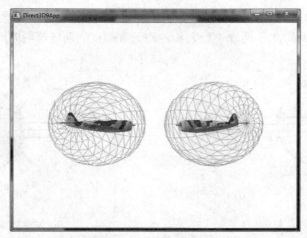

(a) 网格模型边界球未发生碰撞

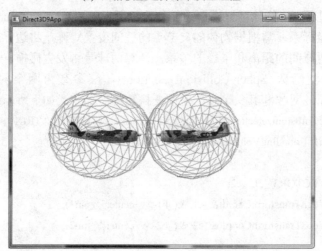

(b) 网格模型边界球发生碰撞

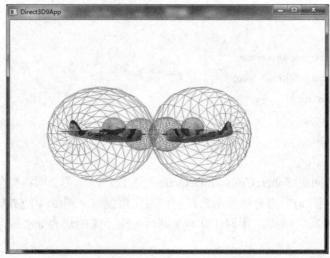

(c) 物体网格各个子集的边界球碰撞检测

图 8.9　物体网格模型的边界球碰撞检测结果

8.3.2　边界盒的碰撞检测

使用边界球检测的方法时，可以发现若物体的空间分布不是球形时，物体外接球所在范围内含有无效空间，在碰撞时会出现误差。我们还可以利用边界盒信息，对长方体分布的网格模型物体的空间碰撞检测。

边界盒的检测方法有很多，本节介绍物体在轴对齐情况下的边界盒碰撞检测的方法。在计算两个长方体中心之差的向量 d 后，若 d 的 x、y、z 轴分量均小于等于两个长方体的长、高、宽之和的一半，则判定为两个长方体发生碰撞。如图 8.10 所示为两盒的碰撞检测原理。

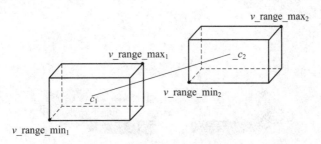

图 8.10　两盒的碰撞检测原理

以下为边界体碰撞检测的代码。首先将两个边界盒的中心坐标点与其物体的空间变换矩阵相乘，从而获得变换后的中心位置。再计算两中心之差的向量 _dis，并判断其与两物体尺寸之和的一半的关系，从而检测物体是否碰撞。

```
bool BoxCollisionDetection(BoundingVolumeInfo* _b1, D3DXMATRIX*
_pm1, BoundingVolumeInfo* _b2, D3DXMATRIX*   _pm2)
{
    D3DXVECTOR3 _c1, _c2, _size1, _size2, _collision_dis;

    _c1 = (_b1->v_range_min + _b1->v_range_max) / 2;
    _c2 = (_b2->v_range_min + _b2->v_range_max) / 2;
    _size1 = _b1->v_range_max - _b1->v_range_min;
    _size2 = _b2->v_range_max - _b2->v_range_min;
    _collision_dis = (_size1 + _size2) / 2;
    D3DXVec3TransformCoord(&_c1, &_c1, _pm1);
    D3DXVec3TransformCoord(&_c2, &_c2, _pm2);

    D3DXVECTOR3 _dis = _c1 - _c2;
    if (abs(_dis.x) <= _collision_dis.x && abs(_dis.y) <= _collision_dis.y
        && abs(_dis.y) <= _collision_dis.y)
    {
        _b1->d_addition = true;
        _b2->d_addition = true;
```

```
                return true;
            }
            return false;
        }
```

图 8.11 所示了利用 BoxCollisionDetection()函数，进行两个网格模型的边界盒的碰撞检测。未碰撞时，图(a)中边界盒显示为红色；发生碰撞时，图(b)中边界盒显示为蓝色；为检测每个节点是否发生碰撞，我们计算两个网格各个子集的边界盒之间是否发生碰撞，结果如图(c)所示。

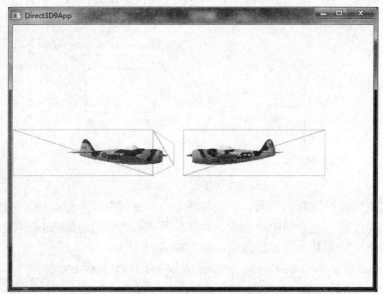

(a) 网格模型边界盒未发生碰撞

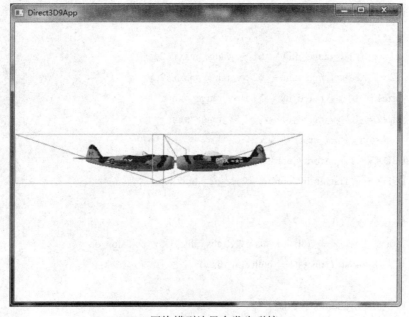

(b) 网格模型边界盒发生碰撞

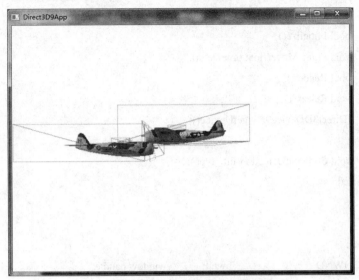

(c) 物体网格各个子集的边界盒碰撞检测

图 8.11　物体网格模型的边界盒碰撞检测结果

8.3.3　基于边界体碰撞检测的案例分析

为模拟如图 8.9 和图 8.11 的模型的碰撞检测，我们在游戏过程类 MyD3D 中，创建两个飞行器物体 obj_aircraft，并编写碰撞检测函数 CollisionDetection()，检测两个物体是否发生碰撞，并用红色边界体提示对应的子集未碰撞，蓝色边界体提示发生碰撞。相关代码如下所示：

```
#include "D3DUT.h"
#include "Light.h"
#include "D3DBoundingVolume.h"

#define    OBJECTNODENUM    3
const int    ObjectNodeVertexNum[OBJECTNODENUM] = {
    1254,        //P47
    258,         //Canopy
    4            //Plane04
};

class MyD3D
{
    public:
        MyD3D();
        ~MyD3D();
```

```
            bool CreateDevice(HINSTANCE hInstance, int _width, int _height);
            bool Initialize();
            void FrameMove(float timeDelta);
            bool Render();
            void Release();
            IDirect3DDevice9*   getDevice();

            void CollisionDetection(int _type);
        protected:


        private:
            HWND                hwnd;        //window handle
            IDirect3DDevice9*   p_Device;
            int                 d_width;
            int                 d_height;

            DirectionalLight    light_directional;

            D3DXFileBV          obj_aircraft[2];
            int                 d_bounding_type;
    };
```

在游戏的初始化 Initialize()函数中分别加载两个 XFile 网格模型，并对其进行合适的空间变换。相关代码如下所示：

```
    bool MyD3D::Initialize()
    {
    // Load Xfile
    for (int i = 0 ; i < 2; i++)
    {
        if(!obj_aircraft[i].CreateBuffer(p_Device,"plane.x"))
            return false;
        if (!obj_aircraft[i].ComputeSubsetBoundingVolumes(
            ObjectNodeVertexNum, OBJECTNODENUM))
            return false;
    }

    obj_aircraft[0].v_Translate = D3DXVECTOR3(500.0f, 0.0f , 500.0f);
    obj_aircraft[0].SetTranslation(obj_aircraft[0].v_Translate);
```

```
        obj_aircraft[1].v_Rotate = D3DXVECTOR3(0.0f, D3DX_PI , 0.0f);
        obj_aircraft[1].SetRotation(obj_aircraft[1].v_Rotate);
        obj_aircraft[1].v_Translate = D3DXVECTOR3(-500.0f, 0.0f , 500.0f);
        obj_aircraft[1].SetTranslation(obj_aircraft[1].v_Translate);

        // Initialize VirtualCamera.
        D3DXVECTOR3 position(0.0f, 0.0f, -500.0f);
        D3DXVECTOR3 target(0.0f, 0.0f, 0.0f);
        D3DXVECTOR3 up(0.0f, 1.0f, 0.0f);
        D3DXMATRIX V;
        D3DXMatrixLookAtLH(&V, &position, &target, &up);
        p_Device->SetTransform(D3DTS_VIEW, &V);

        // Set projection matrix.
        D3DXMATRIX proj;
        D3DXMatrixPerspectiveFovLH( &proj,D3DX_PI * 0.5f,
            (float)d_width / (float)d_height,1.0f,10000.0f);
        p_Device->SetTransform(D3DTS_PROJECTION, &proj);

        D3DXVECTOR3     light_dir = D3DXVECTOR3(1.0f, -1.0f, 1.0f);
        D3DXCOLOR       light_color = D3DXCOLOR(1.0f, 1.0f, 1.0f, 1.0f);
        light_directional.Initialize(p_Device, 0, light_dir, light_color * 0.8f,
                light_color * 0.8f, light_color);
        light_directional.Enable(p_Device, true);
        p_Device->SetRenderState(D3DRS_LIGHTING, true);
        return true;
    }
```

在碰撞检测函数中，我们根据 4 种边界体绑定方式，分别进行各个边界体的碰撞检测，包括整体边界球、整体边界盒、子集边界球、子集边界盒。若发生碰撞，则边界体的 d_addition 属性为 false；如果发生碰撞，则为 true。相关代码如下所示：

```
    void MyD3D::CollisionDetection(int _type)
    {
        if (_type == D3DXFileBV::BOUNDING_ENTIRESPHERE)
        {
            obj_aircraft[0]._bounding_entire.d_addition = false;
            obj_aircraft[1]._bounding_entire.d_addition = false;
            SphereCollisionDetection(&obj_aircraft[0]._bounding_entire,
                    &obj_aircraft[0].m_Transform,
                    &obj_aircraft[1]._bounding_entire,
```

```
                    &obj_aircraft[1].m_Transform);
    }
    if (_type == D3DXFileBV::BOUNDING_SUBSPHERE)
    {
        for (int i = 0 ; i < 2; i ++)
        {
            for(int j = 0; j < obj_aircraft[i].p_bounding_sub.size(); j++)
            {
                obj_aircraft[i].p_bounding_sub[j].d_addition = false;
            }
        }
        for(int i = 0; i < obj_aircraft[0].p_bounding_sub.size(); i++)
        {
            for(int j = 0; j < obj_aircraft[0].p_bounding_sub.size(); j++)
            {
                SphereCollisionDetection(&obj_aircraft[0].p_bounding_sub[i],
                        &obj_aircraft[0].m_Transform,
                        &obj_aircraft[1].p_bounding_sub[j],
                        &obj_aircraft[1].m_Transform);
            }
        }
    }
    if (_type == D3DXFileBV::BOUNDING_ENTIREBOX)
    {
        obj_aircraft[0]._bounding_entire.d_addition = false;
        obj_aircraft[1]._bounding_entire.d_addition = false;
        BoxCollisionDetection(&obj_aircraft[0]._bounding_entire,
                &obj_aircraft[0].m_Transform,
                &obj_aircraft[1]._bounding_entire,
                &obj_aircraft[1].m_Transform);
    }
    if (_type == D3DXFileBV::BOUNDING_SUBBOX)
    {
        for (int i = 0 ; i < 2; i ++)
        {
            for(int j = 0; j < obj_aircraft[i].p_bounding_sub.size(); j++)
            {
                obj_aircraft[i].p_bounding_sub[j].d_addition = false;
            }
```

```
        }

        for(int i = 0; i < obj_aircraft[0].p_bounding_sub.size(); i++)
        {
            for(int j = 0; j < obj_aircraft[0].p_bounding_sub.size(); j++)
            {
                BoxCollisionDetection(&obj_aircraft[0].p_bounding_sub[i],
                    &obj_aircraft[0].m_Transform,
                    &obj_aircraft[1].p_bounding_sub[j],
                    &obj_aircraft[1].m_Transform);
            }
        }
    }
}
```

在渲染过程中，我们利用不同的材质，对物体的边界体是否发生碰撞进行不同颜色的渲染，以便给与提示，因此我们将网格模型类的渲染函数 D3DXFileBV::Render()进行了修改：当边界体的 d_addition 属性为 false 时，我们利用红色材质绘制边界体；当为 true 时，利用蓝色绘制。相关代码如下所示：

```
void D3DXFileBV::Render(IDirect3DDevice9* _device, int _showCmd)
{
    _device->SetRenderState(D3DRS_FILLMODE, D3DFILL_SOLID);
    D3DXFile::Render(_device);

    _device->SetRenderState(D3DRS_FILLMODE,
        D3DFILL_WIREFRAME);
    if (_showCmd == BOUNDING_ENTIRESPHERE)
    {
        _sphere->SetHierarchy(&D3DXVECTOR3
            (_bounding_entire.f_radius,
            _bounding_entire.f_radius, _bounding_entire.f_radius),
            &_bounding_entire.v_center, NULL, &m_Transform);
        if (_bounding_entire.d_addition == 0)
            _sphere->Render(_device, &_sphere->_mtrl);
        if (_bounding_entire.d_addition == 1)
            _sphere->Render(_device, &_box->_mtrl);
    }

    if (_showCmd == BOUNDING_ENTIREBOX)
    {
```

```
        _box->SetHierarchy(&(_bounding_entire.v_range_max –
            _bounding_entire.v_range_min),
            &((_bounding_entire.v_range_max +
            _bounding_entire.v_range_min)/2),
            NULL, &m_Transform);
        if (_bounding_entire.d_addition == 0)
            _box->Render(_device, &_sphere->_mtrl);
        if (_bounding_entire.d_addition == 1)
            _box->Render(_device, &_box->_mtrl);
    }
    if (_showCmd == BOUNDING_SUBSPHERE)
    {
        for(int i = 0; i < p_bounding_sub.size(); i++)
        {
            _sphere->SetHierarchy(&D3DXVECTOR3(
                p_bounding_sub[i].f_radius, p_bounding_sub[i].f_radius,
                p_bounding_sub[i].f_radius), &p_bounding_sub[i].v_center,
                NULL, &m_Transform);
            if (p_bounding_sub[i].d_addition == 0)
                _sphere->Render(_device, &_sphere->_mtrl);
            if (p_bounding_sub[i].d_addition == 1)
                _sphere->Render(_device, &_box->_mtrl);
        }
    }
    if (_showCmd == BOUNDING_SUBBOX)
    {
        for(int i = 0; i < p_bounding_sub.size(); i++)
        {
            _box->SetHierarchy(&(p_bounding_sub[i].v_range_max –
                p_bounding_sub[i].v_range_min),
                &((p_bounding_sub[i].v_range_max +
                p_bounding_sub[i].v_range_min)/2), NULL, &m_Transform);
            if (p_bounding_sub[i].d_addition == 0)
                _box->Render(_device, &_sphere->_mtrl);
            if (p_bounding_sub[i].d_addition == 1)
                _box->Render(_device, &_box->_mtrl);
        }
    }
}
```

第 9 章　动画网格模型

3D 建模工具不仅可以设计静态的三维物体，还可以设计多种动画。骨骼动画的渲染是游戏中重要的环节，本章将讲述如何从 3dsMax 中将设计好的骨骼动画数据导出为 XFile 文件，并在 D3D 应用程序中加载并控制包含动画数据的 XFile 文件。

9.1　骨骼动画相关技术原理

在设计好一些重要的关键帧的图形和图像信息后，根据关键帧和插值方法计算出每一个中间帧的数据，从而实现关键帧动画过程。图 9.1 展示了一个简单的关键帧动画生成原理，利用已定义的关键帧 Key Frame 1 和 Key Frame 2，根据插值算法计算出中间 3 帧后，动画被逐帧地展示出来。

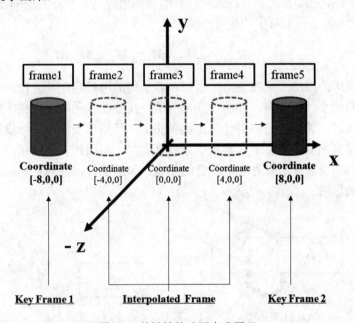

图 9.1　关键帧的动画生成原理

利用关键帧的动画制作方法，可以完成简单的动画应用。然而，在许多复杂的应用中，比如人体运动，动画的数据处理过程是较为繁重的。游戏中的骨骼动画是通过层次结构模型实现的。图 9.2(a)展示了人体骨骼层次结构模型，根据人的关节运动方式，人体骨骼被划分为腰、胸、胳膊、腿等子节点。各个节点根据运动的连带关系，组成了图 9.2(b)中人体骨骼的层次结构模型。

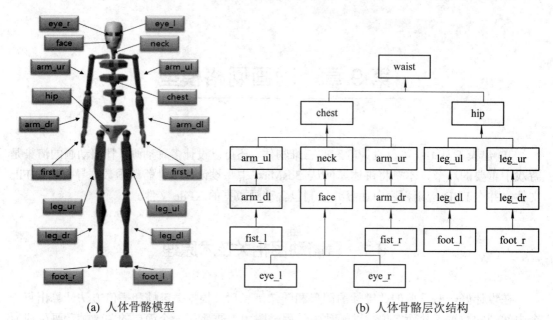

(a) 人体骨骼模型　　　　　　　　　　　(b) 人体骨骼层次结构

图 9.2　人体骨骼的层次结构模型

　　根据 4.2.3 节中的反向运动矩阵变换原理，子节点的运动状态受到父节点所处的空间变换影响，其全局变换矩阵等于子节点的局部空间变换矩阵与父节点的空间变换矩阵的乘积。例如，图 9.2 的右脚节点 foot_r 的最终空间变换矩阵可表达为

$$M_{\text{foot\_r}} = M_{\text{foot\_r}} M_{\text{leg\_dr}} M_{\text{leg\_ur}} M_{\text{hip}} M_{\text{waist}} \tag{9.1}$$

　　各个关节捆绑的网格子集在活动过程中，若子集的网格存在独立性，在执行旋转等动作时，则会导致两个关节分离，如图 9.3(b)所示。我们往往采用蒙皮技术解决关节间在运动时无连接性问题。其原理是将皮肤绑定到骨骼上，其原理类似于人体皮肤，网格表面的每个顶点都连接到相应的骨骼上。当一个骨骼移动时，附属到其上的顶点也相应地发生变化。例如，肘部的皮肤受上臂骨和前臂骨的影响。如果上臂保持静止而前臂动作，肘部皮肤位置也将受到影响。

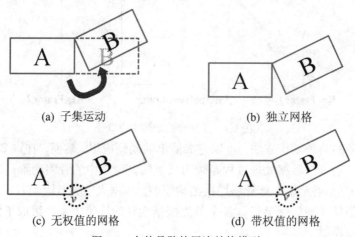

(a) 子集运动　　　　　　　　　　　　(b) 独立网格

(c) 无权值的网格　　　　　　　　　(d) 带权值的网格

图 9.3　人体骨骼的层次结构模型

蒙皮技术是采用骨骼的网格层次模型中定义的关系数据，将具有关联性的顶点设置一个融合权值，用于计算在运动时该顶点在两个节点的空间变换中的分量，其分量的和为该顶点的最终空间变换结果。式(9.2)表达了带有权值的顶点的空间变换过程，其中 M_A 与 M_B 为图 9.3(c)中节点 A 和 B 的空间变换矩阵，w_A 与 w_B 为顶点 v 节点 A 和节点 B 的空间变换权值，其取值范围为 0.0～1.0，其和为 1.0。在设置好融合权值后，网格的运动表面显得平滑，如图 9.3(d)所示。

$$v' = w_A v M_A + w_B v M_B \tag{9.2}$$

9.2 带动画的 XFile 文件导出

3dsMax 设计的三维骨骼模型载入 DirectX 中，有很多网格动画格式供选择，如 md3, smd 和 ase 等。本书主要以 Pandasofts DirectX Exporter 插件为例，讲解将 3dsMax 的骨骼动画模型导出 XFile 文件的方法，如图 9.4 所示。

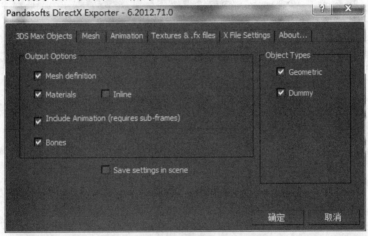

(a) 输出选项

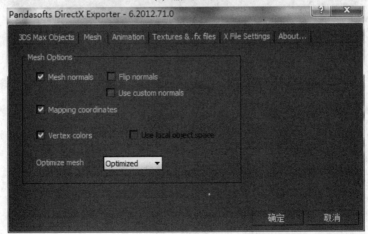

(b) 网格选项

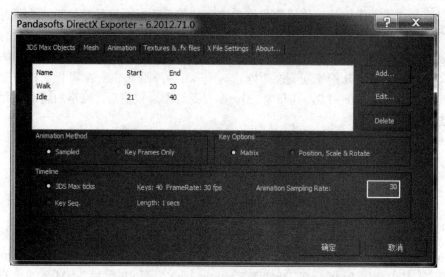

(c) 动画采样设定

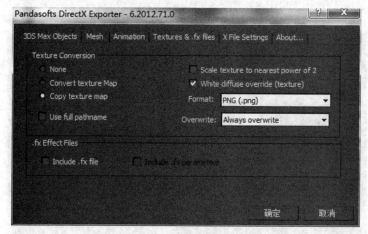

(d) 纹理转化设置

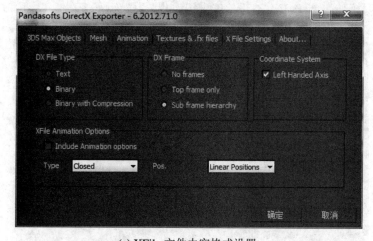

(e) XFile 文件内容格式设置

图 9.4 PandaDirectXMaxExporter 插件的骨骼模型导出方法

　　在导出基本的网格模型基础上，在图 9.4(a)所示的输出选项界面中，选择"Include Animation"和"Bones"选项。在图 9.4(c)所示动画采样设定界面中，通过设定某个动作的起始帧和终止帧，将连贯的动画分为不同含义的动作组，如行走和静止状态的动画，以便游戏中根据不同的事件，调用不同的动画动作。在图 9.4(e)所示的 XFile 文件内容格式设置界面中，需要设定"Sub frame hierarchy"选项，进而将骨骼模型的分层结构导出至 XFile 文件。

9.3　骨骼动画类

　　为了便于游戏的开发，我们封装了骨骼动画类 D3DXAnimation，通过调用其类对象，实现对带骨骼动画的 XFile 的加载、控制、渲染等过程。此外，还创建了一个用于加载网格模型和分层结构模型的 customAllocateHierarchy 类，将动画模型加载为 CustomMesh Vertex 网格顶点结构类对象和 MYD3DXMESHCONTAINER 的网格模型类对象。

9.3.1　骨骼动画数据结构

　　为定义网格的顶点类型，我们声明了一个网格顶点结构体 CustomMeshVertex，它包含了三维顶点坐标、法向量、纹理坐标以及顶点颜色数据。其代码如下所示：

```
struct CustomMeshVertex
{
    D3DXVECTOR3            position;
    D3DXVECTOR3            normal;
    D3DXVECTOR2            tex0;
    D3DCOLOR              color;
    static const DWORD FVF    = D3DFVF_XYZ |
            D3DFVF_NORMAL | D3DFVF_TEX1 | D3DFVF_DIFFUSE;
};
```

　　利用 D3D 提供的基本纹理容器类 D3DXMESHCONTAINER 派生出骨骼动画容器类 MYD3DXMESHCONTAINER，以加载动画的纹理、骨骼、相邻信息等数据，该类的定义如下：

```
struct MYD3DXMESHCONTAINER: public D3DXMESHCONTAINER
{
    std::vector<LPDIRECT3DTEXTURE9>    vecTextures;
    std::vector<D3DXMATRIX*>          vecBonePointers;
    LPD3DXMESH                pOrigMesh;
    LPD3DXATTRIBUTERANGE          pAttributeTable;
    DWORD                  dwNumAttributeGroups;
    DWORD                  dwNumPaletteEntries;
    D3DXMATRIX*                pBoneOffsets;
```

```
        DWORD                        dwNumInfl;
        bool                         bSoftwareSkinning;
        LPD3DXBUFFER                 pBoneCombinationBuf;
    };
```

9.3.2　分层结构接口

D3D 提供的分层结构模型接口 ID3DXAllocateHierarchy 是抽象的，由于抽象类不能实例化，可以通过派生该类，创建一个可以实例化的分层结构类 customAllocateHierarchy，并封装其纯虚函数 CreateFrame()、CreateMeshContainer()、DestroyFrame()、DestroyMeshContainer()。该类的声明如下所示：

```
    class customAllocateHierarchy : public ID3DXAllocateHierarchy
    {
    public:
        STDMETHOD(CreateFrame)(LPCSTR , LPD3DXFRAME *);
        STDMETHOD(CreateMeshContainer)(
            LPCSTR ,
            CONST D3DXMESHDATA *,
            CONST D3DXMATERIAL *,
            CONST D3DXEFFECTINSTANCE *,
            DWORD NumMaterials,
            CONST DWORD *,
            LPD3DXSKININFO ,
            LPD3DXMESHCONTAINER *);
        STDMETHOD(DestroyFrame)(LPD3DXFRAME);
        STDMETHOD(DestroyMeshContainer)(
            LPD3DXMESHCONTAINER);


    public:
        std::string strPath;
    };
```

CreateFrame()函数可用于初始化分层网格模型的每个骨骼节点结构类 LPD3DXFRAME 对象，包括骨骼的空间变换矩阵，含有骨骼、纹理、材质等数据的网格容器类对象指针，纹理的父子关系指针，骨骼名称等数据。该函数的定义如下所示：

```
    HRESULT customAllocateHierarchy::CreateFrame( LPCSTR strName,
        LPD3DXFRAME *ppNewFrame)
    {
        MYD3DXFRAME* pFrame = new MYD3DXFRAME;
```

```
        D3DXMatrixIdentity(&pFrame->TransformationMatrix);

        D3DXMatrixIdentity(&pFrame->CombinedMatrix);

        pFrame->pMeshContainer = NULL;

        pFrame->pFrameSibling = NULL;

        pFrame->pFrameFirstChild = NULL;


        pFrame->Name = MakeString(strName);


        *ppNewFrame = pFrame;


        return D3D_OK;

    }
```

网格模型创建函数 CreateMeshContainer()的主要功能是创建一个网格容器类指针 pContainer，根据带有骨骼动画 XFile 文件的各个参数，加载网格和骨骼的各种缓存数据。其代码如下所示：

```
    HRESULT customAllocateHierarchy::CreateMeshContainer(LPCSTR strName,
            CONST D3DXMESHDATA *        pMeshData,
            CONST D3DXMATERIAL *pMaterials,
            CONST D3DXEFFECTINSTANCE *  pEffectInstances,
            DWORD                       dwNumMaterials,
            CONST DWORD *               pAdjacency,
            LPD3DXSKININFO              pSkinInfo,
            LPD3DXMESHCONTAINER *       ppNewMeshContainer)
    {
        LPDIRECT3DDEVICE9 pd3dDevice = NULL;
        pMeshData->pMesh->GetDevice(&pd3dDevice);


        MYD3DXMESHCONTAINER *pContainer = new
        MYD3DXMESHCONTAINER();
        ZeroMemory(pContainer, sizeof(MYD3DXMESHCONTAINER));


        pContainer->Name = MakeString(strName);


        *ppNewMeshContainer = pContainer;


        pContainer->NumMaterials = dwNumMaterials;
        pContainer->pMaterials = new D3DXMATERIAL[dwNumMaterials];
        pContainer->pSkinInfo = NULL;
```

```
pContainer->vecTextures.resize(dwNumMaterials);

for(unsigned int i=0;i<dwNumMaterials;i++)
{
    pContainer->pMaterials[i].MatD3D = pMaterials[i].MatD3D;
    pContainer->pMaterials[i].MatD3D.Ambient =
            pMaterials[i].MatD3D.Diffuse;
    pContainer->pMaterials[i].pTextureFilename =
            MakeString(pMaterials[i].pTextureFilename);
    if(pContainer->pMaterials[i].pTextureFilename != NULL &&
            strlen(pContainer->pMaterials[i].pTextureFilename) > 0 )
    {
        std::string fileName = _bstr_t(pContainer->
                pMaterials[i].pTextureFilename);
        std::string texFileName = strPath.c_str();
                texFileName.append(fileName.c_str());

        D3DXCreateTextureFromFile(pd3dDevice, texFileName.c_str(),
            &pContainer->vecTextures[i]);
    }
    else
        pContainer->vecTextures[i] = NULL;
}

pContainer->pEffects = NULL;

pMeshData->pMesh->CloneMeshFVF( pMeshData->pMesh->GetOptions(),
    CustomMeshVertex::FVF ,pd3dDevice, &pContainer->MeshData.pMesh );

LPD3DXMESH pMesh = pContainer->MeshData.pMesh;
LPDIRECT3DVERTEXBUFFER9 pMeshVertexBuffer;
pMesh->GetVertexBuffer(&pMeshVertexBuffer);
CustomMeshVertex *pMeshVertices;
pMeshVertexBuffer->Lock(0,0,(void **)&pMeshVertices, 0);
for(unsigned int j = 0; j < (unsigned int)pMesh->GetNumVertices(); j++)
{
    CustomMeshVertex *pVertex = &pMeshVertices[j];
}
```

```
pMeshVertexBuffer->Unlock();
pMeshVertexBuffer->Release();

DWORD dwNumFaces = pMeshData->pMesh->GetNumFaces();
pContainer->pAdjacency = new DWORD[dwNumFaces*3];
memcpy(pContainer->pAdjacency, pAdjacency,
    sizeof(DWORD) * dwNumFaces*3);

pContainer->MeshData.Type = D3DXMESHTYPE_MESH;
pContainer->pSkinInfo = pSkinInfo;

pContainer->bSoftwareSkinning = true;

if(pSkinInfo)
{
    pSkinInfo->AddRef();
    pSkinInfo->SetFVF(pMesh->GetFVF());

    DWORD dwNumBones = pSkinInfo->GetNumBones();

    pContainer->pBoneOffsets = new D3DXMATRIX[dwNumBones];
    for (unsigned int i=0; i<dwNumBones; i++)
        pContainer->pBoneOffsets[i] =
            *(pContainer->pSkinInfo->GetBoneOffsetMatrix(i));

    pContainer->vecBonePointers.resize(dwNumBones);

    pMesh->CloneMeshFVF(pMesh->GetOptions(),
    pMesh->GetFVF(), pd3dDevice, &pContainer->pOrigMesh);

    DWORD dwNumMaxFaceInfl;
    DWORD Flags = D3DXMESHOPT_VERTEXCACHE;

    LPDIRECT3DINDEXBUFFER9 pIB;
    pContainer->pOrigMesh->GetIndexBuffer(&pIB);

    pContainer->pSkinInfo->GetMaxFaceInfluences(pIB,
        pContainer->pOrigMesh->GetNumFaces(), &dwNumMaxFaceInfl);
```

```
        pIB->Release();

        dwNumMaxFaceInfl = min((int)dwNumMaxFaceInfl, 12);

        D3DCAPS9 d3dCaps;
        pd3dDevice->GetDeviceCaps(&d3dCaps);

    if (d3dCaps.MaxVertexBlendMatrixIndex + 1 < dwNumMaxFaceInfl ||
        d3dCaps.MaxVertexBlendMatrixIndex <= 0)
    {
    pContainer->bSoftwareSkinning = true;
    }
    else
    {
        pContainer->dwNumPaletteEntries =
                min((d3dCaps.MaxVertexBlendMatrixIndex + 1 ) / 2,
            pContainer->pSkinInfo->GetNumBones());

        Flags |= D3DXMESH_MANAGED;

    }
    }

    if(!pSkinInfo || pContainer->bSoftwareSkinning)
    {
        pMesh->GetAttributeTable(NULL,
                &pContainer->dwNumAttributeGroups);
        pContainer->pAttributeTable = new D3DXATTRIBUTERANGE[
                pContainer->dwNumAttributeGroups];
        pMesh->GetAttributeTable(pContainer->pAttributeTable, NULL);
    }

    pMeshData->pMesh->AddRef();

    return D3D_OK;
    }
```

　　customAllocateHierarchy 类对象的函数是在 D3DXLoadMeshHierarchyFromX()函数内部自动调用的,因此,我们只需调用该函数即可调用分层结构模型接口对象的 CreateMeshContainer()函数,实现动画网格和骨骼等缓存数据的加载。

9.3.3　骨骼动画类 D3DXAnimation

三维动画类 D3DXAnimation 可用于加载、控制、渲染骨骼动画，它包含了基本的三维网格模型、网格容器、动画控制器、各个关节的空间变换矩阵等动画和运动过程数据。除调用基类的空间变换函数外，游戏只需要调用 XFile 加载 CreateBuffer()、设置动画组 SetAnimation()、函数帧更新 Update()、渲染 Render()等函数，即可实现三维骨骼动画过程的大部分功能。该类的声明如下所示：

```cpp
class D3DXAnimation: public D3DObject
{
    public:
        D3DXAnimation();
        ~D3DXAnimation();
        bool CreateBuffer(IDirect3DDevice9* _device)    {return true;};
        bool CreateBuffer(IDirect3DDevice9* _device,
                std::string _xfilename, std::string _path);
        void Unload();
        void Render(IDirect3DDevice9* _device);
        void DrawFrame(IDirect3DDevice9* _device, D3DXFRAME *pFrame);
        void DrawMeshContainer(IDirect3DDevice9* _device,
                MYD3DXMESHCONTAINER *pContainer);
        void Update(float timeDelta);
        void SetAnimation(LPCSTR strName);
        void SetAnimation(int idxAnim);

        LPCSTR GetCurrentAnimation();
        float GetCurrentAnimationLength();
        D3DXMATRIX *GetCombinedMatrix(TCHAR* strName);

        float GetWidth(){return m_vecSize.x;}
        float GetHeight(){return m_vecSize.y;}
        float GetDepth(){return m_vecSize.z;}

    public:
        D3DXMATRIXA16        m_matWorld;

        bool                 m_bSkinned;
        float                m_fRadius;
        D3DXVECTOR3          m_vPivotPos;
```

```
            D3DXVECTOR3            m_vBottomLeft, m_vTopRight;


    private:
            LPD3DXMESH                        m_pMesh;
            D3DXMESHCONTAINER*                m_pMeshContainer;
            LPD3DXFRAME                       m_pRootFrame;
            ID3DXAnimationController*         m_pAnimController;
            std::vector<LPD3DXANIMATIONSET>   m_vecAnimations;
            std::vector<D3DXMATRIX *>         m_vecCombinedTransforms;
            D3DXMATRIX*                       m_pFinalTransforms;
            DWORD                             m_dwMaxInfluences;
            DWORD                             m_dwNumMaterials;
            DWORD                             m_dwNumBones;
            D3DMATERIAL9*                     m_pMaterials;
            D3DMATERIAL9                      m_matColor;
            bool                              m_bColoredDraw;
            LPDIRECT3DTEXTURE9*               m_imgTextures;
            D3DXVECTOR3                       m_vecSize;


            D3DXFRAME *GetFrameWithMesh(D3DXFRAME *pFrame);
            void SetupBoneMatrixPointers(D3DXFRAME *pFrame);
            void SetupBoneMatrixPointers(
                MYD3DXMESHCONTAINER *pContainer);
            void GenerateCombinedTransforms(
                MYD3DXFRAME *pFrame,D3DXMATRIX &matParent);
            void DrawMeshContainerSOFTWARE(IDirect3DDevice9* _device,
                MYD3DXMESHCONTAINER *pContainer);
            void DrawMeshContainerINDEXED(IDirect3DDevice9* _device,
                MYD3DXMESHCONTAINER *pContainer);


    public:
            void renderNotSkin(IDirect3DDevice9* _device,
                LPD3DXFRAME frame);
    };
```

　　游戏中物体模型很多，都存储在项目目录下不便于管理，物体的纹理图片存储位置往往和对应的 XFile 文件在同一个路径下，因此，在创建的缓存函数中，增加了一个 XFile 文件路径变量，即可标识其纹理图片的相对路径。

　　使用 D3DXLoadMeshHierarchyFromX()加载分层结构模型后，利用 D3DXCompute

BoundingSphere()和 D3DXComputeBoundingBox()函数计算物体的边界，以实现碰撞检测等功能。在优化网格后，加载动画控制器、纹理缓存以及材质，进而完成骨骼动画 XFile 文件的缓存加载。D3DXAnimation 类的缓存加载函数 CreateBuffer()的定义如下所示：

```
bool D3DXAnimation::CreateBuffer(IDirect3DDevice9* _device, std::string
_xfilename, std::string _path)
{
    customAllocateHierarchy allocateHierarchy;
    allocateHierarchy.strPath = _path;

    _path.append(_xfilename);
    if(FAILED(D3DXLoadMeshHierarchyFromX(_path.c_str(),
        D3DXMESH_MANAGED,_device, &allocateHierarchy,
        NULL, &m_pRootFrame,&m_pAnimController)))
        return false;

    D3DXFRAME *pFrameWithMesh = GetFrameWithMesh(m_pRootFrame);
    if(!pFrameWithMesh)
        return false;

    m_pMeshContainer = pFrameWithMesh->pMeshContainer;
    if(m_pMeshContainer->pSkinInfo)
        m_bSkinned = true;
    else
        m_bSkinned = false;

    LPD3DXMESH pMesh = m_pMeshContainer->MeshData.pMesh;
    D3DXWELDEPSILONS Epsilons;

    BYTE* v = 0;
    pMesh->LockVertexBuffer( 0, (void**)&v );
    D3DXComputeBoundingSphere( (D3DXVECTOR3*)v,
        pMesh->GetNumVertices(), D3DXGetFVFVertexSize(
        pMesh->GetFVF()), &m_vPivotPos, &m_fRadius );

    D3DXComputeBoundingBox((D3DXVECTOR3 *)v,
        pMesh->GetNumVertices(), D3DXGetFVFVertexSize(
        pMesh->GetFVF()),&m_vBottomLeft,&m_vTopRight);
```

```
    m_vecSize.y = fabs(m_vTopRight.y - m_vBottomLeft.y);
    m_vecSize.x = fabs(m_vTopRight.x - m_vBottomLeft.x);
    m_vecSize.z = fabs(m_vTopRight.z - m_vBottomLeft.z);

    pMesh->UnlockVertexBuffer();

    LPDIRECT3DVERTEXBUFFER9 pMeshVertexBuffer;
    pMesh->GetVertexBuffer(&pMeshVertexBuffer);
    CustomMeshVertex *pMeshVertices;
    pMeshVertexBuffer->Lock(0,0,(void **)&pMeshVertices, 0);
    if(!m_bSkinned)
    {
        for(unsigned int j = 0; j < (unsigned int)pMesh->GetNumVertices(); j++)
        {
            CustomMeshVertex *pVertex = &pMeshVertices[j];
            D3DXVec3TransformCoord(&pVertex->position,
                    &pVertex->position,&pFrameWithMesh->TransformationMatrix);
        }
    }
    pMeshVertexBuffer->Unlock();
    pMeshVertexBuffer->Release();

    if(!m_bSkinned)
    {
        memset(&Epsilons, 0, sizeof(D3DXWELDEPSILONS));
        D3DXWeldVertices( pMesh, 0, &Epsilons,
                    (DWORD*)m_pMeshContainer->pAdjacency,
                    (DWORD*)m_pMeshContainer->pAdjacency, NULL, NULL );
    }

    SAFE_RELEASE(m_pMesh);

    if(!m_bSkinned)
    {
        int iNumFaces = 0;
        iNumFaces = (int)(pMesh->GetNumFaces()*.25);

        if(iNumFaces>0)
```

```
        {
            D3DXSimplifyMesh(pMesh,
                m_pMeshContainer->pAdjacency,NULL,
                NULL, iNumFaces, D3DXMESHSIMP_FACE, &pMesh);

                pMesh->GenerateAdjacency(0,m_pMeshContainer->pAdjacency);
        }

        D3DXComputeNormals(pMesh,
            (DWORD*)m_pMeshContainer->pAdjacency);
    }

    if(m_bSkinned)
    {
        m_dwNumBones = 0;
        SetupBoneMatrixPointers(m_pRootFrame);

        int iNumAnimations = m_pAnimController->GetNumAnimationSets();
        m_vecAnimations.resize(iNumAnimations);
        for(int i=0; i<iNumAnimations; i++)
        {
            LPD3DXANIMATIONSET pAnim;
            m_pAnimController->GetAnimationSet(i,&pAnim);
            m_vecAnimations[i] = pAnim;
        }
    }
    else
    {
        m_pMesh = pMesh;
        m_pMesh->AddRef();
    }

    m_dwNumMaterials = m_pMeshContainer->NumMaterials;
    m_pMaterials = new D3DMATERIAL9[m_dwNumMaterials];
    m_imgTextures   = new LPDIRECT3DTEXTURE9[m_dwNumMaterials];

    for(DWORD i=0;i<m_dwNumMaterials; i++)
    {
```

```
        m_pMaterials[i] = m_pMeshContainer->pMaterials[i].MatD3D;
        m_pMaterials[i].Ambient = m_pMaterials[i].Diffuse;
        m_imgTextures[i] = NULL;
        If(m_pMeshContainer->pMaterials[i].pTextureFilename != NULL &&
            strlen(m_pMeshContainer->pMaterials[i].pTextureFilename) > 0)
        {
            m_imgTextures[i] = ((MYD3DXMESHCONTAINER *)
            m_pMeshContainer)->vecTextures[i];
        }
    }
    m_matColor.Ambient = m_pMaterials[0].Ambient;
    m_matColor.Diffuse = m_pMaterials[0].Diffuse;
    m_matColor.Emissive = m_pMaterials[0].Emissive;
    m_matColor.Power = m_pMaterials[0].Power;
    m_matColor.Specular = m_pMaterials[0].Specular;

    return true;
}
```

在 3dsMax 导出 XFile 时，可以将动画划分为多个组，每个组都有一个索引值和一个字符型名字，程序中可以通过指定组的索引值选择动画组。通过 SetAnimation()函数，实现游戏过程中动画组的选择功能，其代码如下所示：

```
void D3DXAnimation::SetAnimation(int idxAnim)
{
    if(!m_bSkinned || !m_pAnimController)
        return;

    if(idxAnim<0 || (unsigned int)idxAnim >= m_vecAnimations.size() ||
        m_vecAnimations.size() == 0)
        return;

    LPD3DXANIMATIONSET pAnim =
            (LPD3DXANIMATIONSET)m_vecAnimations[idxAnim];
    m_pAnimController->SetTrackAnimationSet(0,pAnim);

    m_pAnimController->ResetTime();
    m_pAnimController->SetTrackPosition(0,0);
}
```

动画的帧间过渡通过 Update()函数实现，通过系统帧间时间差，决定动画的播放间隔，从而满足动画在不同电脑上播放速度的一致性要求，其代码如下所示：

```
void D3DXAnimation::Update(float timeDelta)
{
    if(!m_bSkinned || !m_pAnimController)
        return;

    GenerateCombinedTransforms((MYD3DXFRAME *)m_pRootFrame,
        m_matWorld);

    m_pAnimController->SetTrackSpeed(0, 1.0f);
    m_pAnimController->AdvanceTime(timeDelta,NULL);
}
```

三维蒙皮动画的渲染函数 Render()是通过调用 DrawFrame()函数实现的。该函数可通过遍历各个骨骼子节点的网格容器实现，代码如下所示：

```
void D3DXAnimation::DrawFrame(IDirect3DDevice9* _device, D3DXFRAME *pFrame)
{
    D3DXMESHCONTAINER* pContainer =
        static_cast<D3DXMESHCONTAINER *>(pFrame->pMeshContainer);

    while (pContainer != NULL)
    {
        DrawMeshContainer(_device,
            static_cast<MYD3DXMESHCONTAINER*>
            (pFrame->pMeshContainer) );
        pContainer = pContainer->pNextMeshContainer;
    }

    if (pFrame->pFrameSibling != NULL)
        DrawFrame(_device, pFrame->pFrameSibling);

    if (pFrame->pFrameFirstChild != NULL)
        DrawFrame(_device, pFrame->pFrameFirstChild);
}
```

9.3.4　骨骼动画实例

本节利用骨骼动画类 D3DXAnimation 类对象，实现了如图 9.5 所示的人体骨骼动画模型的 XFile 文件加载、控制、渲染方法。

图 9.5   D3DXAnimation 类的应用案例渲染结果

　　人物动画 XFile 文件是在初始化函数 MyD3D::Initialize()中加载的，相关代码如下所示。其中"./Data/"指示该文件存储位置为项目路径下的 Data 文件夹下，XFile 文件的名称为 boy_panda.X。

```
character.CreateBuffer(p_Device, "boy_panda.X", "./Data/");
character.SetAnimation(ANIM_IDLE);
```

　　人物的动作和动画控制是在 MyD3D::FrameMove()函数中调用的。根据 XFile 文件导出时的设置，动作划分为 Idel 和 Walk 两组，在加载过程中，其动作组的索引值分别设定为 0 和 1，因此在动作枚举类型 BOY_ANIMATION 中对两个动作进行宏定义，以便在 character.SetAnimation()函数中选择不同的人体动作，并通过 character.Update()函数执行动画的逐帧变化。相关代码如下所示：

```
enum BOY_ANIMATION {ANIM_IDLE = 0, ANIM_WALK };
void MyD3D::FrameMove(float timeDelta)
{
    static int pre_motion_state = ANIM_IDLE;
    int cur_motion_state = ANIM_IDLE;
    float _speed = 20.0f;
    if( GetAsyncKeyState(VK_UP) & 0x8000 )
    {
        character.v_Translate += D3DXVECTOR3(
            0.0f, 0.0f, _speed * timeDelta);
        character.SetTranslation(character.v_Translate);
        character.v_Rotate = D3DXVECTOR3(0.0f, D3DX_PI * 1.0f, 0.0f);
        character.SetRotation(character.v_Rotate);
        cur_motion_state = ANIM_WALK;
```

```
    }
    if( GetAsyncKeyState(VK_DOWN) & 0x8000 )
    {
        character.v_Translate -= D3DXVECTOR3(0.0f, 0.0f, _speed * timeDelta);
        character.SetTranslation(character.v_Translate);
        character.v_Rotate = D3DXVECTOR3(0.0f, D3DX_PI * 0.0f, 0.0f);
        character.SetRotation(character.v_Rotate);
        cur_motion_state = ANIM_WALK;
    }
    if( GetAsyncKeyState(VK_LEFT) & 0x8000 )
    {
        character.v_Translate -= D3DXVECTOR3(_speed* timeDelta, 0.0f, 0.0f);
        character.SetTranslation(character.v_Translate);
        character.v_Rotate = D3DXVECTOR3(0.0f, D3DX_PI * 0.5f, 0.0f);
        character.SetRotation(character.v_Rotate);
        cur_motion_state = ANIM_WALK;
    }
    if( GetAsyncKeyState(VK_RIGHT) & 0x8000 )
    {
        character.v_Translate += D3DXVECTOR3(
          _speed * timeDelta, 0.0f, 0.0f);
        character.SetTranslation(character.v_Translate);
        character.v_Rotate = D3DXVECTOR3(0.0f, D3DX_PI * 1.5f, 0.0f);
        character.SetRotation(character.v_Rotate);
        cur_motion_state = ANIM_WALK;
    }

    if (cur_motion_state != pre_motion_state)
            character.SetAnimation(cur_motion_state);

    pre_motion_state = cur_motion_state;
    character.Update(timeDelta);
}
```

人物的渲染是在 MyD3D:: Render()函数中调用的。由于人体的纹理和材质具有 Alpha 通道，因此在渲染时，需要将 Alpha 渲染状态打开。相关代码如下所示：

```
bool MyD3D::Render()
{
    if( p_Device )
    {
```

```
        p_Device->Clear(0, 0, D3DCLEAR_TARGET | D3DCLEAR_ZBUFFER,
                Oxffffffff, 1.0f, 0);
        p_Device->BeginScene();
        p_Device->SetRenderState( D3DRS_ALPHABLENDENABLE, TRUE );
        character.Render(p_Device);
        p_Device->SetRenderState( D3DRS_ALPHABLENDENABLE,FALSE );
        p_Device->EndScene();

        p_Device->Present(0, 0, 0, 0);
    }
    return true;
}
```